花卉栽培养护新技术推广丛书

U0664401

龙舌兰科植物

Longshelankezhiwu

养花专家解惑答疑

王凤祥 主编

中国林业出版社

《龙舌兰科植物·养花专家解惑答疑》分册

编写人员	王凤祥　彭　宏　佟金成
图片摄影	佟金成　马　箭　刘书华　彭　宏
参加工作	佟金龙　王立新　王淑霞

图书在版编目（CIP）数据

龙舌兰科植物养花专家解惑答疑/王凤祥主编. —北京：中国林业出版社，
2012.7

（花卉栽培养护新技术推广丛书）

ISBN 978-7-5038-6631-9

Ⅰ.①龙…　Ⅱ.①王…　Ⅲ.①龙舌兰科－花卉－观赏园艺－问题解答
Ⅳ.①S682.2-44

中国版本图书馆CIP数据核字（2012）第117252号

策划编辑：李　惟　陈英君
责任编辑：陈英君

| 出　　版：中国林业出版社（100009　北京西城区德内大街刘海胡同7号） |
| 网　　址：www.cfph.com.cn |
| E-mail：cfphz@public.bta.net.cn |
| 电　　话：（010）83224477 |
| 发　　行：新华书店北京发行所 |
| 制　　版：北京美光制版有限公司 |
| 印　　刷：北京百善印刷厂 |
| 版　　次：2012年7月第1版 |
| 印　　次：2012年7月第1次 |
| 开　　本：889mm×1194mm　　1/32 |
| 印　　张：2.75 |
| 插　　页：8 |
| 字　　数：83千字 |
| 印　　数：1～5000册 |
| 定　　价：18.00元 |

《龙舌兰科植物·养花专家解惑答疑》分册

前 言

花是美好的象征，绿是人类健康的源泉，养花种树深受广大人民群众的欢迎。当前国家安定昌盛，国富民强，百业俱兴，花卉事业蒸蒸日上，人民经济收入、生活水平不断提高。城市绿化、美化人均面积日益增加。大型综合花卉展、专类花卉展全年不断。不但旅游景区、公园绿地、街道、住宅小区布置鲜花绿树，家庭小院、阳台、居室、屋顶也种满了花草。鲜花已经成为日常生活不可缺少的一部分。在农村不但出现了大型花卉生产基地，出口创汇，还出现了公司加农户的新型产业结构，自产自销、自负盈亏花卉生产专业户更是星罗棋布，打破了以往单一生产经济作物的局面，不但纳入大量剩余劳动力，还拓宽了致富的道路，给城市日益完善的大型花卉市场、花卉批发市场源源不断提供货源。另外，随着各地旅游景点的不断开发，新的公园、绿地迅猛增加，园林绿化美化现场技工熟练程度有所不足，也是当前的一大难题。

为排解在龙舌兰科植物生产、栽培养护中常遇到的问题，由王凤祥、彭宏、佟金成编写《龙舌兰科植物》分册，以问答形式给大家一些帮助。由佟金龙、王立新、王淑霞等协助整理，由佟金成、马箭、彭宏、刘书华等提供照片，在此一并感谢。本书概括龙舌兰科植物的形态、习性、繁殖、栽培、应用、病虫害预防等多方面知识，语言通俗易懂，适合广大花卉生产者、花卉栽培专业学生、业余花卉栽培爱好者阅读，为专业技术人员提供参考。作者技术水平有限，难免有不足或错误之处，欢迎广大读者指正。

作者

2012 年 3 月

⊜ 习性篇

一、形 态 篇

1. 怎样识别凤尾兰？

答：凤尾兰（*Yucca gloriosa*）又称凤尾丝兰，又有剑麻之称。叶片无丝状纤维物，可与丝兰区别。为丝兰属常绿亚灌木状草本植物。黄白色或白色粗壮的根生于地下茎节处。植株体地上茎很短或不明显，多年生植株主干上留有叶片脱落后的环节，基部有分枝，株高约2米，直立。叶片莲座状簇生，坚硬，条状披针形或近剑形，边全缘，先端具硬刺，叶长40～60厘米，宽5～6厘米，近平直，无毛，具白粉。幼苗具疏齿，老叶叶缘具少量纤维丝。圆锥花序，花序长达1.5米，花下垂，直径8～10厘米，近钟形，花被6片离生，白色，具雄蕊6枚，短于花被片，花柱短或不明显，柱头3裂，子房近长圆形，3室。蒴果，有6条沟，长5～6厘米，干质，不开裂。花期6～10月，果期8～11月。分布于中美至北美洲，我国广泛栽培。

常见栽培尚有斑叶凤尾兰（*Yucca gloriosa* var. *medio-strilata*），叶片具黄色或白色纵向条斑。矮生凤尾兰（*Yucca gloriosa* var. *minor*）株高约30厘米。卷叶凤尾兰（*Yucca gloriosa* var. *robusta*）叶片先端向外反卷。

2. 千手兰是什么样的？

答：千手兰（*Yucca aloifolia*）又名剑叶丝兰、芦荟叶丝兰，为丝兰属常绿亚灌木状草本。茎干单生或基部具分枝，茎长可达8米，多年生植株常呈蛇状倒伏。茎有节痕，多为干黄色，先端直立部分高1米左右。叶片坚硬似剑，长50～80厘米，宽5～7厘米，尖端赤褐色，边缘具细齿。花期夏季，花朵密集，白色下垂，先端带有红紫色，全开时径8～10厘米。蒴果，成熟时紫黑色，长8～10厘米。原产西印度群岛及墨西哥。

常见变种有：黄边千手兰（*Yucca aloifolia* var. *marginata*）叶缘具有纵黄色条纹。三色千手兰（*Yucca aloifolia* var. *tricolor*）叶的中心有黄或白色纵向条纹，又称黄星丝兰。五色千手兰（*Yucca aloifolia* var. *guadricolor*）新叶呈红色，又称四色千手兰。

3. 怎样认识曲叶丝兰？

答：曲叶丝兰（*Yucca recurvifolia*）又称反叶凤尾兰，垂丝兰等。为丝兰属常绿小亚灌木。株高2～3.5米，基部或中部以下有分枝。叶革质，略柔软，长0.6～1米，宽3.5～6厘米，由茎中部以上反曲下垂，具白粉，边缘黄或褐色。花期夏秋季，花乳白色，直径5～7厘米，花柄长约1米。蒴果，直立着生，长5～7厘米。原产北美。

有红斑纹变种（*Yucca recurvifolia* var. *elegans*），通常称红斑纹曲叶丝兰，叶面具红色斑纹。黄斑纹曲叶丝兰（*Yucca recurvifolia* var. *variegata*）叶中心部位有纵向黄色条纹。

4. 怎样识别丝兰？

答：丝兰（*Yucca filamentosa*）又称毛边丝兰，为丝兰属常绿亚灌木状草本。茎短，株冠呈莲座形。叶剑状长披针形，先端具尖，边缘具齿及丝状物，单干或基部有分枝，被白粉。花柄自叶丛中抽生，粗而直立，圆锥花序高0.5～4米，夏天夜间开花，花朵钟状，白色，下垂，有芳香，直径5～7厘米。蒴果长约5厘米。原产北美，我国广为栽培。

常见变种尚有斑点叶丝兰（*Yucca filamentosa* var. *variegata*）叶面具黄斑。

匙叶丝兰（*Yucca filamentosa* var. *concara*）叶广坚匙形，较短。金边

丝兰（*Yucca filamentosa* var. *aureo-marginata*）叶缘黄色，先端略圆而具细尖，基部两侧淡红色。

5. 怎样识别剑麻？

答：剑麻（*Agave sisalana*）为龙舌兰科龙舌兰属常绿亚灌木状草本花卉。具黄白色坚硬粗壮、丰富的根。茎高可达1米。叶顶生，狭披针形，长可达2米，宽约10厘米，硬革质，带有灰色，先端具黑刺，边缘无刺。花柄长2～2.5米，花白绿色，有异味。原产墨西哥，我国广东、海南等地广为栽培，除观赏外，叶纤维做工业原料。

6. 怎样识别龙舌兰？

答：龙舌兰（*Agave americana*）又称美洲龙舌兰、龙舌掌等。为龙舌兰属常绿灌木状多年生草本花卉。植株高可达8米。根系粗壮，坚韧，丰富，白色或黄白色。茎直立，单干，地下具横生茎，先端发生新芽。单叶簇生，披针形，长1～2.5米，宽10～30厘米，灰绿色，被白粉，先端具一枚坚硬的大刺，边缘具钩刺。花柄由叶丛抽出，高可达6米，花序圆锥形可达2米，花黄绿色，一般情况下，10～15年才能开花，开花后，除基部分枝外，全株死亡，由分蘖继续生长。我国广为栽培。

7. 龙舌兰有哪些变种？

答：常见栽培的有：'金边'龙舌兰（*Agave americana* 'Marginata'）又称黄边龙舌兰，叶片两侧具有黄色纵向条纹。'金心'龙舌兰（*Agave americana* 'Medio-picta'）叶片中央具淡黄色纵条纹。

8. 怎样识别狭叶龙舌兰？

答：狭叶龙舌兰（*Agave angustifolia*）又称菠萝麻、细叶龙舌兰等。为龙舌兰属多年生常绿亚灌木状草本花卉。根系丰富，粗韧，黄白至白色。茎高约0.5米。单叶短而薄，在短茎上螺旋着生，剑形，肉质，近于直立，长45～60厘米，宽6～7.5厘米，灰绿色被白粉，先端渐尖，具暗褐色尖刺，叶缘具钩刺。花柄由叶丛抽出，高4～8米，栽培十余年才能开花，花淡绿色，一般情况花后全株死亡，由蘖芽继续生长。原产美洲，我国广为栽培。常见栽培变种有：'银边'龙舌兰（*Agave angustifolia* 'Marginata'）又称银边菠萝麻、白缘龙舌兰等，叶片两侧具有白色或略带淡红色纵条纹。

9. 怎样识别菱叶龙舌兰？

答：菱叶龙舌兰（*Agave potatorum* var. *verschaffeltii*）又称戟叶龙舌兰、雷神等。原产墨西哥，为龙舌兰科龙舌兰属多年生小亚灌木状草本花卉。根系坚韧，丰富，白至黄白色。茎干直立，株高10～20厘米。单叶在缩短的茎干上螺旋状着生，长菱形，长可达20厘米，通常15厘米左右，宽7～10厘米，灰绿色，具白粉，先端有1枚褐红色大刺，边缘具圆钝齿，并有长刺。

10. 怎样识别巨麻？

答：巨麻（*Furcraea gigantea*）又称绿叶巨麻，为巨麻属（福克兰属）多年生常绿植物。茎干高1～1.5米，具有50多枚叶片，叶片长1～1.5米，宽8～12厘米，革质，灰绿色，被白粉，先端渐尖，边缘具尖刺，叶片呈莲座状着生。原产墨西哥、危地马拉、哥伦比亚等地。常见栽培变种及品种尚有：金边巨麻（*Furcraea gigantea* var. *marginata*）又称毛里求斯麻，具黄色纵向斑纹，叶面亮绿色，边缘具褐色锯齿。'斑叶'巨麻（*Furcraea gigantea* 'Striata'）株高2～2.5米，具有40片叶，叶长45～60厘米，深绿色的叶片上具有浅绿色、黄白色纵向条纹，边缘褐色刺。银心巨麻（*Furcraea gigantea* var. *medio-picta*）又称银心巨丝兰，株高1～1.2米，有叶约50枚，叶长约2.5米，绿色的叶片中心有乳白色纵向条纹。

11. 怎样识别维多利亚女王龙舌兰？

答：维多利亚女王龙舌兰（*Agava victoriae-reginae*）又称鬼脚掌，简称女王龙舌兰，为龙舌兰属多年生常绿花卉。株高20厘米左右，冠径可达25厘米，叶在短茎上呈密集的莲座状着生，叶片三角形，厚肉革质，淡绿色，长10～15厘米，叶面上具不甚规则稍凸的白线纹，多集中于近边缘处，叶先端具硬刺1枚，全缘。

12. 怎样识别酒瓶兰？

答：酒瓶兰（*Nolina recurvata*）又称象腿树，原产墨西哥干旱地区，为酒瓶兰属多年生常绿小乔木。根系丰富健壮，褐黄色、黄色至白色，坚韧。在原产地干高可达3米。盆栽植株一般在1米左右，贴近地面以上干的基部膨大呈半球形，宛如酒瓶而得名，外表皮灰褐色粗糙，龟裂成小方块，无分枝或很少在膨大的球体上长出分枝。叶片长细线形，长1～2米，簇生于干先端，革质，弯垂，蓝绿或灰绿色，具白粉，叶缘有细锯齿。花柄由叶丛抽出，花白色。常见栽培的同属植物尚有：长叶酒瓶兰（*Nolina longifolia*）叶长2米以上。熊草（*Nolina bigeloxii*）叶簇生于茎先端，花白色。青岚（*Nolina glauca*）茎直立，基部膨大如球，叶灰绿色。瓶棕（*Nolina gracilis*）又称宝瓶棕、宝瓶树、瓶子棕等，株高可达10米以上，茎干膨大如酒瓶，外皮灰色至灰褐色，有分枝，叶灰绿色。酒瓶兰类茎干奇异，叶片飘洒，北方地区多选用小苗盆栽。

13. 怎样识别巨丝兰？

答：巨丝兰（*Yucca elephantipes*）又称象腿丝兰、巴西铁、无刺丝兰。原产墨西哥、危地马拉。为丝兰属多年生常绿小乔木，直立无分枝或基部有分枝，在原产地株高可达12米，脱叶后茎干留有明显环痕，外皮黄或褐黄色有纵纹。叶披针形长而狭窄，长可达1米，宽约10厘米左右，革质，坚韧，灰绿色，先端渐尖，基部抱茎，向内抱度小，斜生，不弯垂。具地下横生茎，茎端生蘖芽。

14. 怎样识别虎尾兰？

答：虎尾兰（*Sansevieria trifasciata*）又称虎皮兰、千岁兰、虎皮掌等。原产非洲、印度等地。为虎尾兰属多年生草本花卉。具粗短而横走的地下茎，根半肉质，较丰富。叶基生或生于短茎上，常2～6片成束，带状披针形，先端渐尖，基部渐窄形成凹槽抱合于短茎上，硬革质，两面有深绿色、乳白色相间的不规则横纹带。圆锥花序抽生于叶丛一侧，小花乳白色，花期春季，有香味。常见栽培变种尚有：金边虎尾兰（*Sansevieria trifasciata* var. *caurentii*）又称金边千岁兰、金边虎皮兰、金边虎皮掌、黄边虎尾兰等，为虎尾兰的黄边变种，边缘具有纵向黄色斑纹，此种叶插繁殖的小苗，绝大多数返回全绿色叶的虎尾兰，为保持金边优良性状，只能选用分株繁殖。

15. 怎样识别扇叶虎尾兰？

答：扇叶虎尾兰（*Sansevieria grandis*）又称宽叶虎尾兰、卵叶虎尾兰、披针叶虎尾兰、大叶千岁兰等，为虎尾兰属多年生常绿直立草本。具横生地下茎，茎先端着生蘖生芽，每芽生有2～4枚叶片，叶片直立或稍斜生，硬肉质，绿色具深绿色、淡绿色或乳白色不规则横纹，叶长30～70厘米，宽10～15厘米。容器栽培较小，叶缘具褐红色边线。原产美洲热带。

16. 怎样识别'矮生'虎尾兰？

答：'矮生'虎尾兰（*Sansevieria trifasciata* 'Hahnii'）又称'短叶'千岁兰、'矮生'千岁兰、'短叶'虎尾兰、'短叶'虎皮兰等。为金边虎尾兰的变种。株高10～20厘米，叶片向外扩展，卵圆形先端渐尖，几乎成尾尖，基部内卷成筒，着生于短茎上，无地茎，叶片有乳白色或深绿色不规则横纹，叶长10～20厘米，宽12～15厘米。容器栽培因花盆、土壤、肥料限制，多数较小。栽培中尚有：'金边矮生'虎尾兰（*Sansevieria trifasciata* 'Golden hahnii'），株高10～20厘米，常丛生，叶片向外舒展，卵圆形，先端渐尖，基部内卷着生于地下短茎上，叶片中央有绿色带乳白色不规则横纹的纵条纹，外边为黄色条纹，最外边有绿色镶边，叶片长可达20厘米，宽可达15厘米。

17. 怎样识别棒叶虎尾兰？

答：棒叶虎尾兰（*Sansevieria cylindrica*）又有圆叶虎尾兰之称，原产非洲南部，为多年生常绿草本花卉。具地下横走茎。叶单生，每个走茎先端具叶1枚，松散着生，叶长1～1.5米，圆柱状，先端渐尖，直径1～3厘米，直立并有弯曲，叶上有纵向沟槽纹，为一个特殊的、观赏价值较高的种类。

同类型的尚有：排叶虎尾兰（*Sansevieria teruticosa*）又称排叶千岁兰、石笔虎尾兰，与棒叶虎尾兰的主要区别为此种叶片排成扇形着生，而不是单叶着生。

18. 朱蕉种类很多，能分别介绍一下吗？

答：朱蕉（*Cordyline fruticosa*）又称绿叶铁树或铁树，为朱蕉属常绿小灌木。根系丰富，坚韧，黄白至白色，偶黄红色。茎直立，株高可达3米，不分枝或极少有分枝，多年生脱叶的干上会留下短而密集的明显环节。茎干外皮黄、灰黄或褐黄色。叶片集生于茎干先端呈2列状螺旋簇生，绿色带有紫红色，披针状椭圆形，长30～60厘米，宽5～10厘米，中脉明显，先端渐尖，直立、斜生后微弯垂，基部渐狭窄收缩成叶柄，叶柄长10～15厘米，上面具槽，基部扩大后抱茎。圆锥花序生于茎先端叶腋，长30～60厘米，多分枝，花淡红色、紫色或淡黄色。分布于我国南方暖地以及印度，向东直到太平洋诸岛。

常见栽培有：三色朱蕉（*Cordyline fruticosa* var. *tricolor*）为多年生常绿灌木，又称晶纹朱蕉。叶长椭圆形，先端渐尖，基部楔形，收缩成叶柄，叶长40～50厘米，宽8～10厘米，新叶绿色，随生长出现多种颜色条纹，形成多个栽培品种如：‘亮叶’朱蕉（*Cordyline fruticosa* 'Aichiaka'）叶片长圆状阔披针形，长约40厘米，宽约10厘米，新叶鲜红色，随生长变为枫叶红色、暗红色、红绿色、红黄色等，并有鲜红色边缘。

紫叶朱蕉 (*Cordyline terminalis* var. *feyyea*) 叶片阔椭圆形，先端渐尖，叶基渐狭，收缩成叶柄，叶柄紫红色，叶片灰绿色带红，叶缘具有狭红边缘。

'五彩'朱蕉 (*Cordyline terminalis* 'Goshikiba') 叶片椭圆形，先端渐尖，基部狭楔形，长约30厘米，宽约10厘米，新叶淡绿色，有黄色纵条纹，随生长出现红色斑纹，并随之扩大，叶脉为红色或全叶大部变为红色。

'乳白叶'朱蕉 (*Cordyline terminalis* 'Hakuba') 又称'织锦'朱蕉、黄纹绿叶朱蕉。新叶淡绿色具白色条纹，随生长变为浓绿色，具有乳白色纵向条纹，叶柄乳白色。

'矮生密叶'朱蕉 (*Cordyline terminalis* 'Mana-compacta') 株高30～40厘米，叶披针形，绿色，叶柄短，先端渐尖，密集。

'长叶'朱蕉 (*Cordyline terminalis* 'Morokoshiba') 株高约1.5米，叶片长30～60厘米，宽3～4厘米，绿色，先端渐尖，基部抱茎。

细叶朱蕉 (*Cordyline terminalis* var. *angusta*) 又称线叶朱蕉、狭叶朱蕉，叶长30～40厘米，宽1.5～2厘米，绿色，先端渐尖，基部抱茎，叶片集生于茎干先端。

'乳红'朱蕉 (*Cordyline terminalis* 'Alba Rosea') 又称红柄朱蕉，株高约1.5米，叶片阔椭圆形，长30～40厘米，宽约10厘米，偶具狭红边缘，叶柄红色。

'二色'朱蕉 (*Cordyline terminalis* 'Bicolor') 叶长圆形，先端渐尖，基部狭楔形收缩成柄，叶长30～40厘米，宽约6～8厘米，暗绿色、紫绿色具红边，叶柄红色，叶背暗红色。

'红边'朱蕉 (*Cordyline terminalis* 'Red edge') 为矮生种，也称'矮生红边'朱蕉，株高约40厘米，叶片长10～20厘米，宽约3厘米，先端渐尖，基部抱茎，边缘红色，中心具紫红色或绿色纵向条纹。

密叶小朱蕉 (*Cordyline stricta*) 也称小朱蕉，株高约1米。叶片密生，披针形，先端渐尖，基部收缩近无柄，长30～60厘米，宽2～3厘米，绿色，叶节密而近。

立叶矮朱蕉 (*Cordyline stricata*) 也称立叶小朱蕉、红剑朱蕉。株高约1米，叶片集中在茎干先端，叶长30～60厘米，叶柄较短，叶直立或先端稍弯曲。

19. 怎样识别'金心'巴西木?

答：巴西木（*Dracaena fragrans* 'Massangeans'）是'金心'龙血树的别称，又称'金心'巴西铁。为龙血树属单茎直立乔木，株高可达8米。外表皮暗黄、灰黄或褐黄色，具明显脱叶后留下的环状节痕，无分枝或极少有分枝。目前盆栽多为大枝或截干后发生的分枝扦插苗，大枝扦插苗可发生多分枝。叶带状披针形，长40～70厘米，宽5～10厘米，先端渐尖，基部抱茎，绿色叶片中心具较宽黄色纵斑条纹，边缘绿色，稍有波状，全缘。原产于非洲西部加那利群岛。

20. 怎样识别'金边'巴西木?

答：'金边'巴西木（*Dracaena fragrans* 'Victoria'）是'金边'龙血树的别称，又称'金边'巴西铁，'金边'千年木等。直立乔木，通常单干，株高可达8米。老茎干黄或褐黄色，有明显脱叶后的痕迹，通常无分枝。叶带状披针形，长30～100厘米，宽5～10厘米，叶边缘具较宽的黄色条纹，全缘稍有波状，先端尖，基部抱茎。常见尚有：'黄香'龙血树（*Dracaena fragrans* 'Lindenii'）又称'黄边'巴西木或'黄边'巴西铁，叶缘具淡黄色纵向条纹。

21. 怎样识别金边富贵竹?

答：金边富贵竹（*Dracaena sanderiana*）又有金边朱蕉、仙达龙血树、镶边朱蕉等名称。原产喀麦隆、刚果等地。株高可达3米以上。叶长披针形，先端渐尖，有时有短尾尖，具短叶柄或近无柄，基部抱茎，绿色，沿叶缘具黄白色纵向宽条纹，全缘。常见栽培的尚有：富贵竹（*Dracaena sanderiana* var. *virescens*）又称万年竹，叶浓绿色，叶柄呈鞘状。'银边'富贵竹（*Dracaena sanderiana* 'Celes'）叶深绿色，叶缘具白色纵向斑纹。'银心'富贵竹（*Dracaena sanderiana* 'Margarea'）叶中心具有白色纵向条斑纹。

22. 怎样识别虎斑千年木?

答:虎斑千年木(*Dracaena goldieana*)又称虎斑巴西铁、虎斑巴西木、虎斑龙血树。为龙血树属小型多年生常绿小灌木。茎干直立,株高1.5米左右,通常单干无分枝。叶片长卵圆形,先端渐尖,基部楔形,收缩成柄,半革质,全缘,互生螺旋式着生,长10~25厘米左右,宽7~15厘米左右,浓绿色,叶面具有明显横向不规则乳白色或浅绿色横纹。原产几内亚。

23. 怎样识别龙血树?

答:龙血树(*Dracaena concinna*)又称千年木、绿叶龙血树。茎干单生直立,为龙血树属常绿小乔木,株高3~3.5米左右。叶互生、细长、带状,长约50厘米,宽1~2厘米,亮绿色,先端渐尖,基部抱茎,先端稍有弯垂。

24. 怎样识别星点千年木?

答:星点千年木(*Dracaena godseffiana*)又称刚果龙血树,也称星点木、斑点龙血树、金银斑点龙血树、吸枝龙血树,为龙血树属多年生常绿亚灌木。茎干直立。根黄白色,细弱。株高约1.5米。单叶对生或轮生,长椭圆形,先端突尖,基部圆楔形,长6~8厘米,宽约5厘米左右,具短柄或近无柄,淡绿色,叶面具黄色至白色小斑点。花黄绿色,花期初夏,具微香。常见栽培种尚有:'银心'星点木(*Dracaena godseffiana* 'Friedmanii Milky Way')叶片中心具有1条中间宽两头狭窄的白线。'银星'龙血树(*Dracaena godseffiana* 'Florida Beauty')又称'银星'千年木、佛罗里达龙血树、'白星'龙血树等,为星点千年木的芽变种。叶片浓绿色,布满大而多的乳白色至乳黄色斑点。

25. 怎样识别'五彩'竹蕉?

答:'五彩'竹蕉(*Dracaena marginata* 'Tricolor')又称'三色'

龙血树、'彩纹'朱蕉、'细叶多彩'竹蕉。为原产马达加斯加红边竹蕉的园艺变种。茎干直立，纤细。株高可达1.5米。一般无分枝，干上具环状节痕，叶片细长，集生于茎干先端，螺旋状四散着生，叶长20～50厘米，宽约1～2厘米，叶面具有白绿相间的纵向条纹，叶缘具玫红色的细边，全缘，叶先端渐尖，基部抱茎，先端稍弯垂。常见栽培种类尚有：'彩虹'龙血树（*Dracaena marginata* 'Tricolor Rainbow'）为'五彩'竹蕉的芽变种，叶片中心淡绿色，边缘为鲜红色。

26. 怎样识别'太阳神'这种观叶花卉？

答：'太阳神'（*Dracaena deremensis* 'Virens Compacta'）又称密叶竹蕉、密叶龙血树。为龙血树属直立矮生亚灌木。通常单干不分枝，修剪后或扦插苗有时有分枝，株高可达1.5米。叶片密集，四散集生于枝干上，深浓绿色，阔披针形，先端渐尖，基部抱茎，叶长10～15厘米，宽2～4厘米，生长缓慢。栽培常见种类：'黄斑条密叶'龙血树（*Dracaena deremensis* 'Virens Compacta Variegata'）又称'斑叶太阳神'，为'太阳神'的斑叶变种，叶面有黄白色纵向条斑纹。

27. 怎样识别'银纹'龙血树？

答：'银纹'龙血树（*Dracaena deremensis* 'Longii'）又称银纹竹蕉、白纹竹蕉、白纹龙血树。茎直立，无分枝，修剪后或中段扦插穗有分枝。叶披针形，先端渐尖，基部抱茎，长30～50厘米，宽4～5厘米，半革质，浓绿色，叶面中心部位纵向白斑纹中常有绿色细线。栽培常见种类尚有：'黄绿纹'龙血树（*Dracaena deremensis* 'Roehrs Gold'）叶面中心部位浓绿色，叶缘黄色或黄白色，并有白色细条纹。原产非洲。

28. 怎样识别'银线叶'竹蕉？

答：'银线叶'竹蕉（*Dracaena deremensis* 'Warneckii'）又称'银线'龙血树、'玉镶'龙血树、'镶叶'竹蕉。茎直立无分枝，株高约1

米，叶节短。叶片密，叶片披针形，长25～35厘米，宽4～5厘米，四散着生，叶片上具有纵向白色条斑纹。

29. 怎样识别'短叶黄缘'竹蕉？

答：'短叶黄缘'竹蕉（*Dracaena deremensis* 'Variegata'）又称'密叶黄斑'龙血树。茎干直立无分枝。叶片披针形，长10～20厘米，宽2～3厘米，先端渐尖，基部渐狭成短柄，叶色浓绿，边缘具乳黄色纵向斑纹，稍波状，先端稍弯曲。

二、习性篇

1. 栽培好凤尾兰需要什么环境？

答：凤尾兰喜光照，能耐半阴，强光下叶片紧密，叶色灰绿，长势健壮，半阴环境叶色稍变浅，叶片稍狭窄，开花不如强光下，有时因光照不足而不能正常开花。耐干旱，不耐长时间积水，生长期间保持土壤湿润有利生长。在夏季的自然气温下生长良好，能耐-15℃低温，在光照良好处能耐-20℃低温。喜肥，能耐贫瘠，在普通园土中能良好生长，在人工配制的土壤中长势更好。

2. 在什么环境中斑叶凤尾兰长势良好？

答：斑叶凤尾兰喜直晒，能耐半阴，光照不足，纵向斑纹颜色变淡。生长期间保持湿润，但能耐干旱，不耐积水。夏季生长旺盛，冬季能耐-15℃低温，但叶片易干枯，最好在背风向阳处栽植。对土壤要求不严，在普通园土中能良好生长。

3. 栽培矮生凤尾兰要求什么环境？

答：矮生凤尾兰喜直晒光照，也能耐阴，直晒光照下长势健壮，规整端正，光照不足叶色变淡，叶变狭窄、变薄，敷白粉少。生长期间喜湿润，能耐干旱，过于干旱，基部叶片也会变黄、干枯，干枯的叶片长时间宿存。不耐积水，积水则烂根。能耐酷暑，在背风向阳处也能耐寒。对土壤要求不严，在普通园土中能良好生长，栽培时最好应用人工配制的土壤。

4. 栽培好卷叶凤尾兰要求什么条件？

答：卷叶凤尾兰又称垂叶凤尾兰，成年叶四散下垂。喜光照，能耐半阴。能耐干旱。能耐-15℃低温。由于叶片下垂，观赏价值不如凤尾兰，故栽培较少。

5. 养好千手兰需要什么条件？

答：千手兰喜光照，能耐半阴，过于荫蔽长势不良。生长期间喜湿润，能耐干旱，不耐积水。喜通风良好。长江以南地区可露地越冬，北方多见盆栽。喜疏松、肥沃沙壤土。

6. 栽培好黄边千手兰要求什么环境？

答：黄边千手兰又称金边千手兰。喜光照，能耐半阴，光照过于不足，叶色暗淡，失去黄边或黄边变暗。生长期间喜湿润，但能耐干旱。较耐寒，北方多容器栽培。喜疏松、肥沃壤土，在沙壤园土中能生长。

7. 栽培三色千手兰需要什么环境？

答：三色千手兰在柔和光照下叶色鲜艳，直晒光照过强，叶色暗淡，斑纹不明显；光照不足，叶片变薄、变窄，斑纹变淡或消失。生长期间喜湿润，能耐干旱，不耐水涝。喜通风良好。在普通沙壤园土中生长良好。较耐寒，北方多作盆栽。

8. 栽培五色千手兰需要什么环境？

答：光照过强或过弱，五色千手兰叶片色彩暗淡或分界不明显。生长期间喜湿润，能耐干旱，怕积水。能耐寒，能耐高温，北方多作盆栽。

9. 栽培丝兰需要什么环境？

答：丝兰喜柔和明亮阳光，能耐直晒，也能耐半阴，过于荫蔽长势不良。夏季需保持湿润，休眠期保持偏干，畏积水。喜通风良好。耐寒，在北京背风向阳、空气湿度稍高环境可露地越冬。对土壤要求不严，在普通沙壤园土中能良好生长，在疏松肥沃、人工配制的土壤中长势更健壮。

10. 匙叶丝兰需要什么栽培环境？

答：匙叶丝兰喜明亮光照，能耐直晒，也能耐短时半阴。稍耐寒，耐高温。喜湿润空气，生长期间保持湿润，能耐干旱，耐贫瘠，不耐积水。北方多盆栽。在普通沙壤园土中长势良好。

11. 栽培金边丝兰要求什么环境？

答：金边丝兰要求充足直晒光照，也能在充足明亮场地良好生长，光照过于不足，斑纹变淡或消失，叶片变狭窄，挺拔力也变弱。生长期间保持土壤湿润，也能耐干旱，喜稍潮湿空气，不耐水湿。耐寒，在-10℃地区能露地越冬，但叶色不鲜明，在有防寒设施条件下，叶色明显鲜亮。在普通园土中能良好生长。

12. 栽培斑叶丝兰要求什么环境？

答：斑叶丝兰喜充足明亮光照，炎热干旱、直晒或过于荫蔽下，色彩不鲜明。喜湿润，能耐干旱，喜潮湿空气，不耐积水。能耐-10℃低温，但叶色不鲜明，北方多盆栽。喜疏松、肥沃沙壤土。

13. 要想剑麻长得好，需要什么环境？

答：剑麻在广东、福建、海南地区露地栽培，北方地区多盆栽。喜充足明亮光照，能耐直晒，也能耐半阴。喜湿润，能耐干旱，喜潮湿空气，不耐积水。能耐-5℃低温，北方多盆栽。喜疏松、肥沃沙壤土。

14. 龙舌兰在什么环境中才能良好生长？

答：龙舌兰喜充足明亮光照，能耐直晒，也能耐半阴。喜温热，不耐寒，在潮湿土壤中-5℃有可能受冻害。生长期间保持盆土湿润有利生长，能耐较长时间干旱，叶片出现皱瘪前浇水，仍能恢复原态。喜疏松、肥沃沙壤土。北方多作盆栽。龙舌兰类一旦开花母株多数枯死。

15. '金边'龙舌兰、'金心'龙舌兰、狭叶龙舌兰的习性相同吗？

答：'金边'龙舌兰、'金心'龙舌兰、狭叶龙舌兰之间只是形态不同，其习性基本相同。在北方为盆栽花卉。喜光照，能耐半阴，在直晒强光下生长良好，长时间光照不足，斑纹暗淡或消失。耐干旱，生长期间充足供水有利生长。能耐短时0℃低温。喜疏松、肥沃、富含腐殖质土壤，但在普通沙壤园土中能生长良好。

16. 维多利亚龙舌兰、菱叶龙舌兰习性相同吗？

答：维多利亚龙舌兰、菱叶龙舌兰形态各异，习性基本相同，没有大的区别。喜充足明亮光照，稍耐半阴，直晒下易产生灼伤。喜湿润，能耐短时干旱，不耐水涝，在偏干土壤中生长良好。喜通风良好。耐寒性稍强，能耐0℃低温，在温室内越冬，通常小盆栽培。喜疏松、肥沃、富含腐殖质盆土。

17. 巨麻在什么环境中才能良好生长？

答：巨麻喜充足明亮阳光，耐半阴，长时间光照不足植株瘦弱，叶片变窄，叶节间拉长，叶片无力，叶色变暗。喜湿润稍耐干旱，过于干旱叶片先端枯干，甚者老叶黄枯。喜温暖，不耐寒，生长温度20～24℃，能耐短时0℃低温。喜疏松、肥沃沙壤土，在普通园土中能生长。

18. 金边巨麻、'斑叶'巨麻、银心巨麻习性相同吗？

答：它们虽然形态不同、产地各异，但习性基本相同。喜充足明亮光照，不耐直晒，直晒下易产生日灼，能耐半阴，过于荫蔽生长不良。喜湿润土壤及潮湿空气，过于干旱或空气干燥，会引发叶片先端黄枯。过于荫蔽，长时间光照不足，土壤长时间过湿或积水，会使根系减少，植株瘦弱，叶色暗淡，斑纹不清甚至消失，叶片变窄、变软、变薄。喜疏松、肥沃、富含腐殖质沙壤土。

19. 酒瓶兰类在什么环境中生长较好？

答：酒瓶兰喜充足明亮光照，不耐直晒，直晒下易产生日灼，且叶片先端易产生黄枯，长时间光照不足，植株瘦弱，叶片无挺拔力，耐半阴。生长期间保持湿润有利生长，能耐干旱，但过于干旱也会使叶片先端甚至老叶片全部干枯。稍耐寒，生长适温18～26℃，能耐受短时2～3℃低温，在夏季自然室温或阴棚下的温度长势良好。喜通风良好。喜疏松、肥沃沙壤土，在普通沙壤土中能生长。

20. 养好巨丝兰要求什么条件？

答：巨丝兰在北方地区多为盆栽。喜充足明亮光照，不耐直晒，在遮阳50%左右条件下或在阴棚下长势良好。喜温暖，不耐寒，生长适温16～25℃，能耐短时5℃低温。生长期间喜潮湿空气及湿润土壤，低温环境要求盆土偏干，不耐积水。喜疏松、肥沃、富含腐殖质、pH值不大于7.5的沙壤土，在贫瘠土、高密度土中生长势差。

21. 虎尾兰在什么条件下长势最好？

答：虎尾兰喜充足明亮光照，能耐半阴，在室内可长时间摆放，不耐直晒，直晒下易产生日灼，且叶色灰暗，光照过弱，长势也弱，不能正常开花。耐干旱，不喜水湿，不耐积水，长时间过湿、光照不足会引发烂根。喜温暖，不耐寒，生长适温20～30℃，能耐短时5℃低温。喜疏松、肥沃、排水良好沙壤土，在贫瘠土、高密度土中生长不良。

22. 金边虎尾兰在什么环境中长势最好？

答：金边虎尾兰喜充足明亮光照，能耐半阴，不耐直晒，直晒下叶片先端易干枯，长时间过于荫蔽，斑纹暗淡，不鲜明，且长势渐弱。耐干旱，土壤长时间过湿长势不良，不耐积水。喜温暖，不耐寒，生长适温20～30℃，在温室、阴棚下、树荫下，夏季自然气温、自然光照下长势良好，能耐短时5℃低温，低于5℃有可能受寒害，在盆土干燥、光照良好环境中，可不受害或受寒害较轻。喜疏松、肥沃、富含腐殖质、排水良好的沙壤土。

23. 扇叶虎尾兰在什么环境中长势最好？

答：扇叶虎尾兰又称大叶千岁兰。喜充分明亮光照，不耐直晒，耐半阴。生长期间喜湿润。低温、光照不足要求盆土稍干。喜温暖，不耐寒，北方在温室内、夏季在阴棚下长势良好，生长适温20～30℃，在土壤偏干、光照充足环境中，能耐6℃低温，温度过低或长时间盆土过湿，根系易受损。喜疏松、肥沃、富含腐殖质沙壤土。

24. '矮生'虎尾兰、'金边矮生'虎尾兰习性相同吗？

答：'金边矮生'虎尾兰为'矮生'虎尾兰的变种，习性基本相同。喜充足明亮光照，喜通风良好，喜湿润，较耐干旱。光照长时间不足，土壤长时间过湿，长时间通风不良，长势渐弱，根系减少。喜温暖，不耐寒，生长适温25～30℃，在盆土偏干、光照充足时能耐8℃低温，5℃以下有可能受寒害。喜疏松、肥沃、富含腐殖质沙壤土。

25. 棒叶虎尾兰、排叶虎尾兰习性有什么不同？

答：棒叶虎尾兰、排叶虎尾兰形态虽然不同，但习性大致相同。喜充足明亮光照，耐半阴，能长时间在室内明亮光照处摆放。在温室内、阴棚下、树荫下、建筑物东侧、北侧均长势良好。生长期间保持湿润，低温、光照不足时保持偏干，不耐长时间过湿或积水，过湿积水易引发烂根。不耐寒，生长适温20～30℃，在盆土偏干、光照充足环境中，能耐8℃低温，低于5℃有可能受寒害。喜疏松、肥沃、排水良好、富含腐殖质的沙壤土。

26. 朱蕉在什么环境中长势最好？

答：朱蕉原产我国南方暖地，又称绿叶铁树，简称绿叶铁，在北方为容器栽培。喜充分明亮光照，能耐半阴，温室遮光50%。喜潮湿空气，空气湿度在60%～80%，喜湿润，耐干旱性较差，长时间供水不足，空气干燥，光照过强，叶片先端黄枯，老叶早落。喜温暖，不耐寒，生长适温16～26℃，北方在遮阳的温室内，夏季在阴棚下长势良好，越冬室温最好不低于12℃，6℃以下有可能受寒害，一旦受害，需要很长时间才能恢复，甚至无法挽回生命。喜疏松、肥沃、pH值不大于7的沙壤土。

27. 栽培好三色朱蕉需要什么条件？

答：三色朱蕉原产东南亚、澳大利亚、新西兰等地，是一个园艺变种，我国北方容器栽培。喜半阴，不耐直晒，温室遮阳60%～70%。喜潮湿空气，耐干燥性差，空气湿度最好保持70%～80%，光照过强、空气干燥，叶片先端易枯干。光照过弱，长势也弱，叶片色彩不鲜明。喜湿润不耐旱，保持盆土不失水，但不能积水。生长适温18～26℃，越冬室温不应低于12℃，6℃以下有可能受寒害，一旦受害不易恢复。喜疏松通透、排水良好、pH值不大于7的土壤，大于7易发生缺素症。

28. '亮叶'朱蕉在什么环境中长势最好?

答：'亮叶'朱蕉喜半阴或充足明亮光照，较耐阴，不耐直晒，光照过强叶片色彩不鲜明，北方温室遮阳60%～80%。喜湿润，耐干旱性差，畏积水，喜潮湿空气，空气湿度60%～80%长势良好。光照过强导致叶片先端干枯，光照过弱、空气过于干燥，叶色变暗。喜温暖，不耐寒，生长适温20～30℃，越冬室温最好不低于12℃，12℃以下停止生长，8℃以下有可能产生寒害，一旦产生寒害不易恢复。喜疏松肥沃、富含腐殖质、pH值不大于7的沙壤土，在高密度土、贫瘠土中长势差。

29. 紫叶朱蕉在什么环境中才能良好生长?

答：紫叶朱蕉喜半阴，不耐直晒，也不耐过于荫蔽，温室遮阳50%左右，光照过强叶色暗淡，先端易黄枯，过于荫蔽叶色不鲜明。喜潮湿空气。喜湿润土壤，不耐干旱，不耐积水。喜温暖，不耐寒，越冬室温最好不低于12℃。喜疏松肥沃、富含腐殖质的沙壤土，不耐盐碱土，在贫瘠土、高密度土中生长不良。

30. '五彩'朱蕉在什么环境中才能良好生长?

答：'五彩'朱蕉喜半阴，不耐直晒，温室遮阳50%～60%，光照过强、过弱，通风不良，叶色不鲜明。喜潮湿空气，空气湿度最好保持在60%～80%，喜湿润，不耐干旱，不耐积水。喜温暖，不耐寒，生长适温16～30℃，12℃以下停止生长，8℃有可能受寒害。喜疏松肥沃、富含腐殖质的微酸性土，在贫瘠土、高密度土中长势不良。

31. '乳白叶'朱蕉在什么环境中生长最好?

答：'乳白叶'朱蕉喜半阴，不耐直晒，也不耐过于荫蔽，温室遮光

60%～80%。喜潮湿空气，不耐干燥，要求空气湿度60%～80%。喜湿润土壤，不耐干旱。喜温暖，不耐寒，生长适温20～28℃，15℃以下停止生长，8℃以下有可能受寒害，越冬室温最好不低于12℃。喜疏松肥沃、排水良好、微酸性沙壤土。

32. 在哪种环境中'矮生密叶'朱蕉才能长好？

答：'矮生密叶'朱蕉为朱蕉中的小型种，原产东南亚。喜半阴，不耐直晒，温室遮光60%～80%，直晒下易导致叶片先端干枯，过于荫蔽长势不良。喜潮湿空气，不耐干燥，相对空气湿度60%以上长势良好，喜湿润，不耐干旱，畏积水。喜温暖，不耐寒，夏季在遮阳的温室内或阴棚下长势良好，越冬室温最好不低于12℃。喜疏松肥沃、排水良好的微酸性土，在高密度土、贫瘠土中长势差。

33. 栽培好'长叶'朱蕉应具备什么条件？

答：'长叶'朱蕉喜明亮光照，耐半阴，不耐直晒，温室遮光50%～75%，直晒下叶片先端易黄枯，光照过于不足，生长渐弱。喜湿润，不耐干旱，不耐积水，喜潮湿空气。喜温暖，不耐寒，夏季在有遮阳的温室中或阴棚下生长旺盛，越冬室温最好不低于12℃。喜疏松肥沃、排水良好的沙壤土。

34. 细叶朱蕉在什么环境中长势最好？

答：细叶朱蕉喜充足明亮光照，耐半阴，不耐直晒，温室遮光50%～75%。喜湿润，不耐干旱，喜潮湿空气，不耐干燥，空气相对湿度最好保持在60%以上。长时间光照过强、盆土过干、空气湿度不足，会导致叶片黄枯。喜温暖，不耐寒，夏季自然气温下有遮阳的温室及阴棚下、树荫下、建筑物北侧均能良好生长，越冬室温不低于12℃，6℃以下有可能受寒害，一旦受害，需要很长时间才能恢复，且不易恢复原态。喜疏松肥沃、排水良好、富含腐殖质的沙壤土，在贫瘠土、高密度土中长势差。

35. 栽培好'乳红'朱蕉要求哪种环境?

答:'乳红'朱蕉是一种叶色美丽的宽叶种类,喜充足光照,耐半阴,不耐直晒,温室遮光60%~80%。喜潮湿空气,相对空气湿度60%~80%,不耐干燥,生长期间喜湿润或稍偏湿,低温环境稍偏干,畏积水,长时间供水不足、空气过干,会导致叶片先端黄枯或老叶早落。喜温暖,不耐寒,生长适温20~30℃,15℃生长缓慢,12℃停止生长,6℃以下有可能受寒害,越冬室温最好不低于12℃。喜疏松肥沃、富含腐殖质、pH值不大于7的微酸性沙壤土。

36. 栽培好'两色'朱蕉需要什么环境?

答:'两色'朱蕉又称'二色'朱蕉、红边朱蕉(另有红边朱蕉一种,为同名异物)等。喜充足明亮光照,耐半阴,温室内栽培遮光60%~70%,不耐直晒,也不能长时间过于荫蔽,对通风要求不严,喜潮湿空气,不耐干燥,空气湿度保持60%~80%。光照过强,空气湿度不足,盆土长时间过干,易引发叶片先端枯干或早落,直晒下易日灼。喜温暖,不耐寒,生长温度16~30℃,12℃以下停止生长,8℃以下有可能受寒害,越冬室温最好不低于12℃。喜疏松肥沃沙壤土,pH值不大于7的微酸性土壤,在贫瘠土、高密度土中长势不良。

37. '红边'朱蕉在什么环境中长势最好?

答:'红边'朱蕉又称矮生红边朱蕉,株高35~40厘米。喜半阴,不耐直晒,北方在有遮阳的温室或夏季阴棚下,遮光60%~75%环境长势良好。喜潮湿空气,不耐干燥空气,空气相对湿度保持60%~80%。光照过强、空气湿度不足、盆土长时间过干,易发生叶片先端干枯或老叶早落,过于荫蔽,色叶不鲜明,且长势渐弱。喜湿润土壤,不耐干旱,畏长时间积水,积水会引发烂根。喜温暖,不耐寒,生长适温20~30℃,15℃以下生长渐慢,10℃以下停止生长,6℃以下有可能受寒害,一旦受害将无法挽回。喜疏松肥沃、排水良好、富含腐殖质的微酸性土壤,在贫瘠土、高密度土中长势不良。

38. 密叶小朱蕉在什么环境中长势最好？

答：密叶小朱蕉又称小朱蕉，喜半阴，不耐强光直晒，温室栽培遮光50%～70%。喜潮湿空气，要求相对湿度60%～80%，不耐干燥空气。喜土壤湿润，不耐干旱，畏积水。喜温暖，不耐寒，生长适温15～25℃，在北方有遮阳的温室及夏季阴棚下长势健壮，越冬室温不低于8℃。空气湿度长时间不足、光照过强、盆土过干，均会产生叶片先端黄枯，或老叶早落。喜疏松肥沃、富含腐殖质的微酸性沙壤土。

39. 立叶矮生朱蕉在什么环境中长势最好？

答：立叶矮生朱蕉又称立叶小朱蕉，喜半阴，不耐直晒，温室栽培遮光60%～70%。喜潮湿空气，不耐干燥，栽培中相对湿度应在60%～80%之间，喜潮湿，不耐干旱，畏积水。喜温暖，不耐寒，生长适温20～28℃，15℃生长缓慢，能耐10℃低温，越冬温室不应低于12℃。喜疏松肥沃、富含腐殖质、排水良好的微酸性沙壤土，在贫瘠土、高密度土中长势不良。

40. '金心'巴西木、'金边'巴西木、'黄边'巴西木习性相同吗？

答：巴西木又称巴西铁、龙血树等，原产加那利群岛。'金心'、'金边'、'黄边'巴西木虽然形态不同，但习性大致相同。喜充分明亮光照，能耐阴，不耐直晒，温室遮光60%～70%。喜潮湿空气，不耐干燥，喜湿润，不耐干旱。直晒下易产生日灼。光照过强过弱、盆土长时间过干、空气湿度不足，叶片先端黄枯。喜温暖，不耐寒，越冬室温最好不低于10℃，长时间积水或过于荫蔽，易引发烂根。喜疏松肥沃、排水良好土壤，在贫瘠土、高密度土中长势不良。

41. 富贵竹、金边富贵竹、'银边'富贵竹、'银心'富贵竹习性相同吗？

答：富贵竹、金边富贵竹、'银边'富贵竹、'银心'富贵竹等形态不同，但习性大致相同。喜明亮光照，能耐半阴，不耐直晒。喜潮湿空气，稍耐干燥，在温室内、阴棚下、浓荫下、阴面阳台、普通室内均能生长。喜水湿，不耐干旱，能土栽也能水培。喜温暖，不耐寒，生长适温16～24℃，12℃以下停止生长，能耐5℃低温，越冬室温最低应在12℃以上。喜肥，喜疏松肥沃、富含腐殖质的土壤，土壤或水分pH值应为微酸性。

42. 虎斑千年木在哪种环境中才能良好生长？

答：虎斑千年木喜明亮光照，耐半阴，不耐直晒，也不耐过度荫蔽，温室遮光70%～80%为好。喜潮湿空气，不耐空气干燥，相对空气湿度80%左右长势最好，长时间干燥会引发叶片先端枯干，叶片早脱。喜湿润，不耐干旱，不耐积水，低温积水易产生烂根。喜通风良好。稍耐肥。喜温暖，不耐寒，生长适温16～26℃，能耐10℃低温，越冬室温最好不低于12℃，低于8℃容易受害，一旦受害将无法挽回。喜疏松肥沃、排水良好、富含腐殖质的微酸性土壤。

43. 栽培好龙血树需要什么样的环境？

答：龙血树喜充足明亮光照，能耐半阴，不耐直晒。喜湿润，稍耐干旱，畏积水。喜通风良好，通风不良易罹病虫害。喜潮湿空气，相对耐干燥，相对空气湿度60%以上长势较好。喜温暖，不耐寒，生长适温16～30℃，15℃以下生长缓慢，12℃以下停止生长，能耐6℃渐变低温，长时间低温也会受害，一旦受害，恢复极为缓慢。喜疏松肥沃、排水良好的微酸性土，在普通园土中能生长。

44. 星点千年木在什么环境中生长最好？

答：星点千年木喜半阴，在明亮光照中色彩更鲜明，不耐直晒，直晒易引发日灼，温室遮光75%～80%。喜湿润，不耐干旱，畏积水，喜潮湿空气，在相对空气湿度75%以上时长势良好。喜温暖，不耐寒，在16～26℃室温下长势较好，越冬室温最好能保持12℃以上，能耐8℃低温，长时间低温也会受害。喜疏松肥沃、富含腐殖质、排水良好的微酸性土。

45. '银心'千年木在什么环境中生长最好？

答：'银心'千年木为星点千年木的变种，喜半阴，不耐直晒，早晚有直晒光照或较明亮光照，叶色更鲜丽，直晒下易产生日灼，温室遮光70%～80%，光照过于不足，长势瘦弱。喜湿润，不耐干旱，空气湿度75%以上长势健壮，过于干燥叶色暗淡或早落，畏积水。喜温暖，不耐寒，生长适温16～26℃，越冬室温应不低于12℃。喜疏松肥沃、富含腐殖质的微酸性土壤，在贫瘠土、高密度土、pH值大于7.5的土壤中长势不良。

46. 栽培好'银星'千年木需要创造什么环境？

答：'银星'千年木喜半阴或充足明亮光照，不耐直晒，在长时间光照过弱条件下长势瘦弱，直晒下易产生日灼，一般情况遮光75%左右长势健壮。喜潮湿空气，不耐干燥，空气湿度保持在75%为佳。喜温暖，不耐寒，生长适温18～26℃，在北方有遮阳的温室中长势良好，越冬室温不应低于12℃，长时间低温也会受害。喜疏松肥沃、富含腐殖质的微酸性土壤。

47. '五彩'竹蕉在哪种环境中长势最好？

答：'五彩'竹蕉又称三色缘龙血树、彩纹竹蕉，是红边竹蕉的一个变种，原产马达加斯加。喜充足明亮光照，能耐半阴，不耐直晒，也不耐过于荫蔽。喜温暖，耐高温，不耐寒，在25℃以上可不停止生长，在33℃

高温的室内未见停止生长。生长期间应充分供水供肥。18℃以下生长缓慢，能耐10℃低温，越冬室温最好不低于12℃，长时间低温、光照不足，供肥不足，pH值高于7.5，会产生黄化病。喜潮湿空气，稍耐干燥。喜疏松肥沃、含腐殖质丰富的微酸性土壤。

48. 栽培'彩虹'龙血树需要什么环境？

答：'彩虹'龙血树为'五彩'竹蕉的芽变种。喜充足明亮光照，耐半阴，不耐直晒，温室遮光70%左右。喜湿润，不耐水湿，不耐干旱，喜潮湿空气，在温室内、阴棚下、浓荫树下、室内均能良好生长。喜温暖，不耐寒，生长适温16～25℃，夏季在有遮光的温室内生长良好，越冬室温最好在12℃以上。喜疏松肥沃、富含腐殖质土壤。

49. '太阳神'、'斑叶太阳神'习性相同吗？

答：'斑叶太阳神'是'太阳神'的变种，相似的种类尚有黄绿纹龙血树、银纹龙血树，虽然形态各异，但习性基本相同。喜充足明亮光照，耐阴性强，可在室内长时间摆放，温室遮光70%～80%，不耐直晒。喜潮湿空气，稍耐干燥，光照过强、空气过干、盆土过干均会引发叶片先端黄枯。喜湿润，不耐干旱，能耐水湿。喜温暖，不耐寒，生长适温16～26℃，在北方有遮光温室内、阴棚下长势良好，越冬室温不应低于12℃。喜疏松肥沃、富含腐殖质的土壤。

50. 白纹竹蕉在什么环境中长势最好？

答：白纹竹蕉又称白纹龙血树，原产非洲。喜充足明亮光照，能耐阴，不耐强光直射，温室遮光70%～80%。喜潮湿空气，稍耐干燥，相对空气湿度75%以上长势良好，喜湿润，能耐水湿，不耐干旱。不耐寒，生长适温16～26℃，北方在有遮阳的温室内夏季未见停止生长，越冬室温最好不低于12℃。喜疏松肥沃、富含腐殖质的土壤，在贫瘠土、高密度土中长势不良。

三、繁殖篇

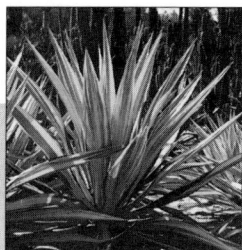

1. 龙舌兰类怎样分株繁殖？

答：成年的龙舌兰在正常生长中会不断发生横生走茎，茎先端生出幼芽，这些幼芽长到有3～5片叶时，即可分株繁殖。龙舌兰类分株常见有两种方法：一种为原地切取，另一种为脱盆后切取。原地切取即将分生苗四周土壤掘开，露出横生走茎或带根的地下直立茎，用利刀将其切离母体。有经验的操作者，是在脱盆换土时或掘苗移植时除去宿土，露出分生苗横生茎，将其带根切下，用栽培土栽植。

2. 龙舌兰类怎样扦插繁殖？

答：分株繁殖切取的分生苗不能带根时，其分生苗切下后可作为插穗。切取插穗后，伤口用新烧制的草木灰或硫磺粉、木炭粉涂抹。扦插基质选用沙土类；或细沙土70%，蛭石30%；或细沙土、蛭石、腐叶土各1/3；或细沙土60%，腐叶土或腐殖土40%。经充分暴晒，搅拌均匀后应用，或置干燥处备用，也可经高温消毒后应用。扦插容器可选用普通瓦盆、苗浅或浅木箱，也可扦插于苗床。用容器扦插时，将刷洗洁净的容器底孔用塑料纱网或碎瓷片垫好，填扦插土至留水口处（盆土面至盆沿2.5厘米左右），刮平压实，浇透水，水渗下后趁水湿将插穗插入土壤，置半阴的温室中，保持湿润。也可放置于阴棚下、浓荫下，生根后分栽。应用扦插床扦插时，先将基质填入插床中，耙平压实，浇透水后扦插，选用喷水保湿，在20～24℃条件下，20天左右即可生根。生根后即可定植于盆中。

3. 龙舌兰开花后，在茎节上生有小植株，能做繁殖材料吗？

答：龙舌兰总花梗上产生的小植株通常称为珠芽，利用这种材料繁殖小苗称珠芽繁殖，由于用扦插方法繁殖，故又称珠芽扦插。扦插方法同普通扦插方法。

4. 怎样用龙舌兰的横生地下茎繁殖小苗？

答：于春夏间，将横生地下茎先端幼芽切下后，余下的横生茎按3～4芽一段，将其切开，扦插或横埋于扦插基质中。扦插时，先端与基质面平或稍高于基质面，横埋深度约1厘米左右。选用喷水保湿。小苗3～4片叶时分栽。

5. 凤尾兰有几种繁殖方法？如何操作？

答：凤尾兰的繁殖方法有分株、扦插与播种。

(1) 分株：

凤尾兰没有地下横生茎，常在基部地面上下位置发生分枝，发生在地表下、能带根切取的用分株方法繁殖；发生在土表以上的，应选用扦插繁殖。分株繁殖多在春季新芽未萌动前，掘开附近土壤，露出分枝点，用利刀由分枝点处带根切离母体，另行栽植。

(2) 扦插：

于春夏间用利刀切取地表以上及地表以下不能带根的幼株，切取后，伤口涂抹新烧制的草木灰或硫磺粉、木炭粉，置通风干燥处，2～3日后待伤口干燥后扦插。一般情况插穗较大，可选用掘穴埋植，置半阴场地，保持湿润，20～30天即可生根，生根后即可分栽。

(3) 播种：

由于花期较晚，北方不易结实，种子多为引入。数量不多可选用花盆、苗浅、浅木箱等容器播种，数量较大，可选用苗床播种。容器播种土壤选用沙土类（细沙土、沙壤土、建筑沙）；或细沙土60%，腐叶土40%；或细沙土70%，蛭石30%；或细沙土60%，腐叶土20%、蛭石20%；有条件可适量增加一些粉碎的树皮，经充分暴晒、翻拌均匀后应用。应用的容器应清洁整齐，用塑料纱网或碎瓷片垫好底孔，填土至留水口处，刮平压实，浇透水。水渗下后，按3厘米×5厘米株行距将种子播种于土表，覆土1～1.5厘米，置半阴场地，保持盆土湿润，在温度20～26℃之间，25天左右即可发芽出土。有3～4片真叶时分栽。

　　苗床播种可选用低位苗床，即平畦播种。于春夏间平整播种畦地，将场地内杂物清理出场外，并做妥善处理。平整清理后，进行翻耕，秒垄叠畦，翻耕深度不小于15厘米。畦长习惯上6～8米，宽1.2米左右，也可依据播种量而定。耙平后按8～10厘米株行距点播，或按15～20厘米距离开沟条插，覆土厚2厘米左右。如果有条件选用腐叶土或腐殖土覆盖，或者腐叶土或腐殖土50%、细沙土50%覆盖，则有益于出苗。浇透水，保持湿润。夏秋季中耕除草，覆盖蒲席越冬。翌春掘苗分栽。

6. 千手兰有几种繁殖方法？

　　答：千手兰的繁殖方法有分株、扦插，偶也有用播种。操作方法参照上问凤尾兰。

7. 丝兰怎样繁殖小苗？与巨丝兰、巨麻、剑麻等繁殖有哪些不同？

　　答：丝兰与巨丝兰、巨麻、剑麻的繁殖方法有分株、扦插，偶也用播种繁殖。虽然种类不同，但繁殖方法相同于凤尾兰。

8. 虎尾兰怎样繁殖小苗？斑叶、柱叶、石笔等繁殖方法相同吗？

　　答：虎尾兰常见繁殖方法有分株及扦插两种方法。但斑叶种、柱叶及石笔、矮生斑叶种，为保证种的形态纯正，只能选用分株，扦插苗多数返还成普通虎尾兰形态，故不选用扦插繁殖。

(1) 分株繁殖：

春夏间将丛生株脱盆，除去宿土，在自然可切分处按单株或3～4株丛用利刀将其切离，伤口涂抹新烧制的草木灰或硫磺粉、木炭粉。栽植容器选用口径14～18厘米高筒瓦盆。分栽土壤选用普通园土、细沙土、腐叶土或腐殖土各1/3，另加腐熟厩肥8%～10%，应用腐熟禽类粪肥、腐熟饼肥、颗粒或粉末粪肥为6%左右。栽植时先将容器整理洁净，垫好底孔，填土至留水口处，刮平压实。单株苗在盆中心位置掘穴栽植，3～4株时拉开间距，呈三角或四角栽植，置半阴的温室内，1～2天后浇透水，以后土表见干即行浇水。50～60天后开始追液肥，每20天左右1次。

(2) 扦插繁殖：

于春夏间选取成形叶片，用利刀将其横向按10～20厘米长切成小段，切取时要注意上下方向，勿颠倒错位，一旦颠倒不易辨别。切口处涂蘸新烧制的草木灰等，置干燥场地，隔1天后扦插。扦插土壤选用沙土类（沙壤土、细沙土或建筑沙）；或细沙土60%，蛭石40%；或细沙土70%，腐叶土或腐殖土30%；或细沙土60%，腐叶土20%，蛭石20%；经充分晾晒、翻拌均匀后上盆。扦插用容器多选用瓦盆、苗浅或浅木箱。将基质填装入容器至留水口处后，刮平压实，浸透水，用宽于插穗宽度的小竹板扎孔，将插穗下部切口处置于穴中，四周压实，置温室内半阴处，浇透水后，土表见干再浇水。待小苗发生后分栽。再提醒一下，虎尾兰用扦插繁殖，性状不稳定，发生的小苗绝大多数返回普通虎尾兰的形态，如黄边种失去黄色，棒叶种变成宽叶，矮生金边种也失去金边等。

9. 龙血树类如何繁殖？

答：龙血树类的繁殖方法主要靠扦插繁殖，硬枝（成熟枝）、大枝均能成活，偶有用播种繁殖。通常于夏季结合整形修剪时进行。

(1) 硬枝插穗切取方法：

硬枝指已半木质化、较细的枝干。将这种枝条按需要剪成小段，最先端一段必须半木质化或已经木质化，长度最好不小于10厘米，可带叶也可不带叶，叶片多的段应适当剪去一部分，以减少水分蒸发。切口涂抹新烧制的草木灰、硫磺粉或木炭粉，并按长短、带叶与不带叶分别扦插。

(2) 大枝插穗切取方法：

大枝指已经木质化、直径较粗的枝干。将这些枝干按需要高度，用细齿锯锯成若干段，按段将下部埋于基质中的方法，称大枝扦插。锯伤口涂抹新烧制的草木灰等。

(3) 扦插方法：

在北方多在温室内选用容器扦插，可选用花盆、苗浅或浅木箱等。扦插基质最好选用细沙土、蛭石、腐叶土各1/3，经充分晾晒后，翻拌均匀，恢复常温后立即应用。硬枝插穗扦插时，先将容器刷洗洁净，垫好底孔，填土至留水口处，刮平压实，用直径稍大于插穗直径的木棍、竹棍等在土面插孔，深度约3～4厘米，将插穗置入孔中，四周压实。大枝插穗扦插时，将容器内填装基质或土壤1/3～1/2，将插穗基部放于土面，再填土壤或基质至留水口处，扶正后四周压实，浇透水保持土壤偏湿，置温室内遮阳50%左右，相对空气湿度80%～90%，室温应保持25℃以上，高温、高湿有利生根。

(4) 播种方法：

应在温室内进行，高温、高湿有利种子发芽。操作方法参考凤尾兰。

10. 酒瓶兰常见繁殖方法有几种？

答：酒瓶兰常用的繁殖方法为播种。北方环境只能在温室内进行。选用花盆、苗浅或浅木箱为容器，数量较多时也可选用苗床。基质选用细沙土60%、腐叶土或腐殖土40%；或细沙土60%、腐叶土20%、蛭石20%；经充分晾晒或高温消毒灭菌灭虫，翻拌均匀，恢复常温后应用。将种子用40℃温水浸泡12～24小时后捞出。播种前先将清洁卫生的容器垫好底孔，填入基质距离盆沿3.5～4厘米处，刮平压实，按2.5～3.5厘米间距点播，覆土厚2～2.5厘米，浸透水，置温室内半阴处，保持盆土湿润，在室温24～26℃环境下，25～30天发芽出土。小苗期保持相对空气湿度80%以上，有利生长。有3～5片真叶时分栽。数量较多时，建立高苗床播种。

11. 常见朱蕉类怎样繁殖？与富贵竹类相同吗？

答：常见朱蕉繁殖多为扦插繁殖，偶见有播种繁殖。朱蕉类与富贵竹类虽然不同属，形态不同，但繁殖方法相同。操作方法参考龙血树。

四、栽 培 篇

1. 普通园土指的是哪种土壤？

答：普通园土指经常翻耕的果园、菜园、花圃或疏松肥沃的大田作物土壤，由自然地面向下25厘米左右之内，无杂物、无化学污染的土壤。

2. 土壤质地分为哪3类9级？

答：依据不同土壤中所含颗粒的大小，将其分为沙土类、壤土类、黏土类等3大类。沙土类包括松沙土、紧沙土两级；壤土类包括沙壤土、轻壤土、中壤土、重壤土四级；黏土类包括轻黏土、中黏土、重黏土三级。不同类型的土壤理化特性、含肥力也不同。

沙土类颗粒间隙大，毛细管作用小，通气及透水性好，但水分不易保持，含营养元素少，保肥力也差，通常称为贫瘠土或漏沙地。这类土壤热容量小，昼夜温差大，早春升温快，秋季降温也快，易升温也易降温，因此称为暖性土，含肥少、肥力猛、肥效短，有发小不发大的特点。

黏土类颗粒间隙小，透气性能差，保水力强，渗透性差，含营养元素多，保肥力强，肥效长，热容量大，升温慢，降温也慢，早春升温慢，故称为冷性土。由于通透性差，含空气量少，颗粒小而密，又称为高密度土，未通过改良不能直接应用于盆栽花卉。

壤土类：土壤间隙适中，有沙土及黏土的优点，弥补了沙土与黏土的不足，是畦地栽培花卉的土壤，也称普通园土。这种土壤通气性、透水性好，保肥力强，土温升降较稳定。

3. 什么叫土壤墒情？

答：土壤含水量的多少称为土壤墒情。水分与空气是土壤的重要组成部分。土壤自然理化作用需要水分，植物生长发育更需要水分。土壤墒情分为黑墒、褐墒、黄墒、灰墒、干土等5类。墒情对植物的种子发芽、生长、发育的好坏有极其重要的影响。

(1) 黑墒：

又称饱墒。直观土色深暗、发黑，明显水湿，含水量大于20%。手攥成团，扔之不碎，落地成泥饼，手上留下明显水迹。含水量稍多，空气含量相对不足，为适种上限。能保持植物出苗。南方喜潮湿、水湿植物，如龙血树类、朱蕉类大多数种或品种，在高温、充分明亮、通风良好环境下，能良好生长。

(2) 褐墒：

又称为合墒。直观土壤暗黑黄色，明显潮湿，土壤含水量15%～20%。手攥成团，扔之散成土块，手上留有湿印。含水量、含空气量适中。为植物播种、生长发育的最佳墒情，为龙舌兰、凤尾兰、虎尾兰、丝兰等夏季生长上限墒情，龙血树、朱蕉等夏季生长下限墒情，为龙舌兰科植物繁殖下限墒情。

(3) 黄墒：

直观土壤颜色为黄色，湿润至润而不湿，土壤含水量10%～15%，手攥能成团，扔之散成小土块，手上微留湿印，有凉爽感。为作物播种下限，也是龙舌兰、凤尾兰、丝兰、虎尾兰等生长发育最适墒情。

(4) 灰墒：

直观土壤颜色为灰黄色，半干状态，稍有湿润感，土壤含水量约5%～10%。手攥不成团，松手即散，土壤含水分不足。植物播种只能部分出苗，不补充水分不能良好生长，也是龙舌兰、凤尾兰、丝兰、千手兰、虎尾兰生长发育下限。

(5) 干土:

直视土壤为灰白色或灰黄色,有干旱感,土壤含水量5%以下。无湿润感觉,为干土块或粉末状,含水量过于不足。不补充水分,植物不能生长,播种不能出苗。龙舌兰类、凤尾兰类、虎尾兰类、千手兰类、丝兰类能短时忍耐。

4. 花卉根系与土壤含空气量有什么关系?

答:土壤中的空气是花卉根系呼吸作用中氧气的来源,也是土壤中矿物质转化成营养元素的重要环节。土壤中含空气量的多少,直接影响根系生命活动。土壤中空气的成分与大气有一定区别,通常含氧量较低,含二氧化碳量较高。土壤中含空气量还影响土壤溶液中各种元素存在的情况,当土壤通透性良好时,大多数元素处于能被花卉根系良好吸收的状态,当通透性差时,一些元素处在对根系不利的状态,从而抑制花卉的正常生理活动。水与空气同时存在于土壤孔隙中,含水量多含空气就少,含空气多含水量就少。而水制约着空气的存在,制约着通透性的好坏。

5. 什么叫土温?与室温有什么不同?

答:土温指土壤的温度。太阳照射在土表后,辐射热积累逐步下延。对花卉栽培来说,主要关注根系范围内的土温。花卉繁殖、栽培中,为提高土温,用一些酿热物,如:未经发酵的马粪、米糠等,也可选用电热线、热力管道等加热。室温指室内空间的温度,这种温度随季节变化而变化。夏季高,冬季低;光照强高,光照弱低;通风不良高,通风良好低。为使花卉良好生长,常用通风、遮阳、加温等方法调节室温。

6. 什么叫微酸性土壤?

答:土壤酸碱性会影响土壤肥力,一方面影响土壤理化性质,一方面直接影响植物的生长发育。龙舌兰科花卉，一般情况下在pH值5.5～7.0之间的土壤中生长良好，也就是微酸性土壤至中性土壤。其中丝兰属耐碱性较强，在碱性土壤中也能生长。在微酸性至中性范围内，植物所需要的营养元素在土壤中均为有效状态。土壤酸碱度的测试，通常选用土壤pH值速测法。pH值7为中性，pH值小于7为酸性，大于7为碱性，划分情况如下：

pH值3～4.5为强酸性（重酸性）土；pH值4.5～5.5为酸性土；pH值5.5～6.5为微酸性（弱酸性）土；pH值6.5～7.5为中性土；pH值7.5～8.5为碱性土；pH值8.5～9.5为强碱性（重碱性）土。

微酸性土指pH值5.5～6.5，实践中常扩大到5～7，水培时最好控制在5～6.5为佳。

7. 怎样配制矾肥水？

答：通常选用水250千克，饼肥15千克，硫酸亚铁（黑矾或称皂矾）3千克共置一缸（因硫酸亚铁有腐蚀性，不能用金属容器）置直晒下，封严发酵腐熟，20～30天后，即可对20倍左右清水浇灌，可保持盆土pH值在5.8～6.7之间。家庭配制可按比例减少，少量配制。

8. 怎样沤制腐叶土？

答：常用腐叶土有两种：一种为有肥腐叶土，一种为无肥腐叶土。有肥腐叶土常用于栽培，无肥腐叶土常用于播种或扦插等繁殖用土。

(1) 有肥腐叶土沤制：

选通风良好、光照充足场地进行清理平整，将场地内杂草、杂物清理出场外，并做妥善处理，不应清理一处而脏乱了另一处。将坑洼不平处填平夯实，按需要量用土围埝，埝内形状可依据场地情况而成长方形、方形或圆形等。埝高20～30厘米，埝内垫一层细沙土，厚5～10厘米，细沙土上铺30～40厘米厚落叶，有较大、较硬树叶及树枝、树皮，应先粉碎后再堆沤。落叶上倒一层化粪池中的人粪尿、厨余的泔水、下脚料等，如过干应喷水加湿，肥层上再垫一层细沙土，细沙土上垫落叶，落叶上再垫水湿的肥料，依次堆沤至1.5～1.8米高，土埝随着增高，形成一层薄薄的围护，最后覆盖塑料薄膜保温保湿。秋冬之际堆沤，翌春化冻后掀除塑料薄膜，由一侧用三齿镐或四齿镐破开翻拌，再用铁锨倒至邻近的地方，仍旧堆好。翻拌中将大块打碎，尽可能将落叶、细沙土、肥料翻拌均匀，并将其中的砖石瓦砾捡出，集中处理。如此翻拌3～4次使其充分腐熟。腐熟后过筛，筛下的即为有肥腐叶土，筛上的捡去砖石瓦砾、未发酵腐熟的树枝木块，即为栽培垫盆底的粗料。

(2) 无肥腐叶土沤制：

于秋季整理好堆沤场地，堆放一层落叶，喷水后加一层细沙土，再铺落叶，反复堆至1.5～1.8米高，覆盖塑料薄膜。翌春化冻后即行倒垛，经3～4次翻拌，大部分变成粉末状时过筛，即为无肥腐叶土。

9. 怎样堆沤厩肥？

答：厩肥又称圈肥，其原料主要是牲畜粪尿、饲料残渣及垫脚料，将这些物质收集在一起堆沤、发酵腐熟后成为腐熟厩肥。有条件最好建立贮肥池，用砖石等按需要砌池，池高最好不高于40厘米，并留有出肥口。将收集的牲畜粪尿置入池中，加入适量EM菌，用塑料薄膜盖严。高温天气30～50天即可发酵腐熟，取出晾晒，粉碎成粉末状即可应用。畦地应用时，可在田间地头按腐叶土方法堆沤，效果是相同的。目前用高温膨化加工后，分为商品颗粒或粉末肥，施用更方便。

10. 土壤中的营养元素常见有多少种？对花卉的生长发育有什么影响？

答：花卉在生长发育过程中，需要不断摄取、吸收营养，由空气中吸收二氧化碳中的碳元素，在水中吸收氢及氧元素。此外在土壤中吸收的营养元素有氮、磷、钾、钙、镁、硫、铁等大量元素，还有多种微量元素，这些元素虽然在花卉体内含量不多，但对其生长发育却有很大影响。每种元素均有独特作用，缺一不可，也不能相互替代。

(1) 氮：植物在合成蛋白质、叶绿素、酶类过程中均需要氮，氮在物生长中有重要作用。氮元素在植物体内大多聚集在生长旺盛部位，含氮量多，成熟迟缓，且易引发徒长，对结实不利。含氮不足，老叶先黄、早落，叶片瘦小。

(2) 磷：植物磷元素缺乏或不足时，细胞形成与增殖会受到影响，根系减弱，茎干瘦弱，常使繁殖器官形成畸形，还会影响幼苗的生长及成苗期的生长发育。磷元素供应充足，能使果实早熟，种子充实。

(3) 钾：钾在植物体中较多存在于茎叶中及幼芽、先端嫩叶、根冠处。土壤含钾量充足，植株茎干健壮，抗寒力、抗病虫力强，茎干直立性强。含钾量不足，茎干瘦弱无力，易倒伏，生长受到抑制。叶片先端及叶缘黄枯，茎叶卷曲。

(4) 钙：是构成细胞壁的重要成分，是促生幼根及根毛的物质。植物缺钙时，幼苗幼根枯黄，新叶失绿，出现白色条纹，叶缘上卷。

(5) 镁：是叶绿素的主要成分。植物体缺少或镁的含量不足，叶缘失绿，叶脉之间出现红、紫、黄、白等不规则斑块。

(6) 硫：是蛋白质及生物酶主要成分。植物体缺硫或含量不足，叶色变淡或变白。

(7) 铁：是促使叶绿素形成的主要元素，促进植物呼吸作用。植物体内铁的含量不足或缺失，会导致新叶黄化，叶边缘黄枯而死亡。

(8) 硼：存在于幼龄细胞的细胞壁中，在碳水化合物运输或生殖过程中起重要作用。植物体内缺硼，新叶缺绿，叶缘上卷，根冠根毛死亡。

(9) 锰：是生物酶中的一种物质。植物体缺锰，叶绿素形成会产生障碍，叶片上产生失绿斑点、斑块或斑纹，但叶脉仍为绿色。

(10) 铜：是生物酶中的一种物质。植物体缺铜长势渐弱，叶片先端变白。

(11) 锌：土壤锌含量不足，植株矮小，节间变短，严重时停止生长，枯萎死亡。

(12) 钼：是微生物固氮作用的物质，直接影响着氮元素的代谢，土壤中含钼量不足或缺少，会影响生长发育，导致叶片失绿、卷曲，严重时枯死。

11. 河泥、塘泥怎样堆沤？

答：未被化学污染的河泥、塘泥，最好在秋季上冻前或春季化冻后掘出，掘取后摊开晾晒，半干时粉碎，翻拌后堆放在一起，畦地栽培时即可应用。用于容器栽培时，应堆沤30～50天后，再次将未发酵完全的部分充分腐熟后应用。应用时最好与厩肥或颗粒肥、禽类粪肥结合施用，盆栽花卉占总量的20%～30%，畦地亩用量4000～5000千克。

12. 什么叫草炭土？

答：草炭土又称泥炭、泥煤等，也是腐殖土当中的一种，为古代湖沼地带的植物被埋藏于地下，在淹水缺少空气条件下形成分解不完全的有机物质。依据其形成条件、植物群落的特征及理化性状，可分为低位草炭、高位草炭及中位草炭。低位草炭分布于地势低洼场地，有季节性或常年积水，水源多为含矿物质元素较高的地下水，植物体含较多矿物质，其中一些分解程度较高，多呈微酸性反应，持水量小，风干后即能应用，我国多为这种草炭。高位草炭主要分布于高寒地带，水源主要靠矿物质元素较少的雨水提供，这种草炭土分解程度差，氮和灰元素含量低，酸度高，呈酸性或强酸性反应。中位草炭介于高位草炭、地位草炭中间。

13. 什么叫蛭石？

答：蛭石是硅酸盐材料高温膨化形成的云母状物质，在加热过程中水分迅速被蒸腾，矿物膨胀相当于原来体积的20倍。蛭石每立方米容重100～130千克，pH值7～9，长时间应用会导致致密。通常做繁殖用基质，应用于栽培时掺入量不宜大于1/2。

14. 木材贮运场有大量树皮、树枝、锯末等，多数已经腐朽，能否代替腐殖质应用？

答：应该是腐殖质的良好代用材料，如果有条件，可在原场地将树皮、树枝粉碎，将锯末中砖瓦石砾清除出去，运至贮肥场，按堆沤腐叶土的方法加肥堆沤，也可直接按腐叶土掺入组合土壤中应用。

15. 温室的遮阳网覆盖在采光面外边与里面有什么区别？

答：遮阳网设置在温室内或温室外，应根据要求的室温而定，需要较高室温时，应将遮阳网设立在室内，这样阳光直接照射在温室顶面上，在温度不降的条件下，起到遮光作用。需要降低室温时，应设置在采光面的上面，这样阳光照在遮阳网上，通过减少辐射降温后进入温室，起到既遮光又降温的作用。

16. 龙舌兰科花卉选用哪种水浇灌最好？

答：浇灌花卉常用的水有深井水、井水、自来水、雨水、无化学污染的塘水、河水、泉水等。一般情况选用无化学物质污染的雨水、塘水、河水最好，这些水长时间接触阳光及空气，一些养分易分解，水温与自然气温相近。井水次之，泉水、深井水水温低，含矿物质分解慢。自来水含有消毒剂，这类水最好通过晾晒后再行浇灌。

17. 怎样用容器栽培龙舌兰？

答：龙舌兰栽培养护较为容易，既能在直晒环境生长，也稍能耐阴，较耐贫瘠，也能耐干旱。

(1) 整理栽培场地：

于春季将场地内及周围的杂物、杂草清理出场外，并将坑洼不平的地方垫平。规划出摆放场地及养护栽培通道。栽培场地一般情况横向摆5～6盆，大盆栽培的，依据实际情况减少盆数，以便于栽培养护，竖向通常摆6～8米长，这样称为一方，方与方间留40～60厘米宽操作通道，并预留必要的运输通道。为运输方便，栽培场地应距温室越近越好，并需要光照、通风、排水良好。

(2) 栽培容器选择：

小苗期选用14～18厘米口径瓦盆，随生长换入20～30厘米口径瓦盆或更大花盆或木桶。也可选用营养钵、硬塑料盆、瓷盆、陶盆等高密度材质花盆。栽培容器应保持清洁完整，应用旧花盆时应将黏结在盆壁上的污渍用锉刀刷或钢丝刷刷除，并用清水洗净后再用。

(3) 栽植土壤：

容器栽培土壤分为两种，一种用于通透性好的瓦盆，另一种为应用高密度材质花盆的土壤。栽培容器为普通瓦盆时，普通园土40%、细沙土30%，腐叶土30%，另加腐熟厩肥15%～18%，应用腐熟禽类粪肥、腐熟饼肥、颗粒或粉末粪肥时为8%～10%，翻拌均匀，充分晾晒后应用。栽培容器为高密度材质时，将栽植土调整为普通园土20%、细沙土40%、腐叶土40%，另加腐熟厩肥10%～15%，应用腐熟禽类粪肥、腐熟饼肥、颗粒或粉末粪肥时为8%左右。栽培土为沙壤园土时，可不用普通园土，组合土壤时，将普通园土与细沙土的量相加，并将另加肥数量比例适当加大，即为沙壤栽培土。

(4) 栽植：

分栽苗、分株苗选用裸根栽植或带少量护根土栽植，脱盆换土苗多选用土球苗栽植。栽植时将备好的瓦盆用塑料纱网或碎瓷片将底孔垫好，填土至盆高的1/2～2/3处，刮平压实，一手握苗，将根部放在盆中央部位，一手用苗铲（花铲）填土，随填土随扶正随压实，填土距盆口2～3厘米处，刮平压实，并在土地面上蹾实。应用高密度材质花盆时，上盆前垫好盆底孔后，垫一层腐叶土或厩肥筛上的粗料或碎木块、陶粒等，厚度2～4厘米，以利排水。

(5) 摆放：

龙舌兰适应性较强，栽植后直接摆放于光照直晒场地。摆放时应横成行、竖成线，南低北高，做到互不遮光，通风良好。

(6) 浇水：

摆放好后即行浇水。浇水时，尽量接近土表，以免水压过高将土壤冲出盆外或溅于叶片。第一次浇水后保持湿润，土表见干后即行浇水。缓苗后保持偏干。雨季及时排水。

(7) 追肥：

一般情况，上盆栽植后养护1～2个月即行追液肥，每20～25天1次。成型植株可选用埋施，埋施方法是沿盆壁内四周将盆土掘开深3～5厘米的小沟，将干肥放入沟内后原土回填。也可用专用工具扎孔，将肥料放入孔中后原土回填。

(8) 中耕除草：

为保持土壤中空气通透良好，应于雨后、肥后、土壤板结时进行中耕。农谚有"三耕六耙，不耪不收"、"旱耪田，涝浇园"之说。盆栽花卉在较小空间里，更应勤中耕，保持土壤良好的通气性。杂草在适温、适湿环境下时有发生，除结合中耕铲除外，应随时发现随时薅除。杂草适应性较强，不但与花卉在空气及土壤中争夺养分，还影响光照、影响土温，应于幼苗时拔除，一旦长大，根系与花卉根系缠绕在一起，只能用枝剪在土表以下将茎干基部剪除。

(9) 温室内养护：

霜前移入温室。入室前将盆内杂草、落叶等杂物清理洁净。有条件时追肥一次。入室后按规划好的方摆放，如果冠径较大，应提前停止浇水，待叶片蔫软时，用绳索拢起后捆绑再行移入室内，摆放好后，可解除绳索，也可不解。室温保持不高于25℃，高于25℃开窗通风。能耐较短时间0℃低温，长时间5℃以下低温，也会受到伤害。对空气湿度要求不严。冬季在15℃以下，对光照要求也不严，但在光照条件较好时，叶色更鲜艳。盆土保持偏干，不干不浇水，喷水增湿、清洗叶片最好在上午。盆内产生积水及时找出原因，并进行处理。每日早晨9:00左右卷席，下午17:00左右覆盖蒲席保温，蒲席或保温被应在花卉入室前装设，盆花出房后撤下，晒干入库。塑料薄膜采光面，在风天可隔一领拉一领，以防止掀坏温室采光面。室外夜间自然气温稳定在12℃以上时，移至室外栽培场地，出房露天栽培。

18. 怎样在阳台上栽培好龙舌兰？

答：龙舌兰适应性强，适合在阳台栽培。在南向阳台长势最好；东、西向阳台也能良好生长；北向阳台需要通风良好，有充足的散射光或早晚有直射光照。春季自然气温不低于12℃时，分株或分栽。可选用普通瓦盆或高密度材质花盆，不必苛求。阳台栽培用瓦盆，盆土可选用普通园土30%、细沙40%、腐叶土30%，另加腐熟禽类粪肥、颗粒或粉末粪肥、或腐熟饼肥8%左右。应用高密度材质栽培容器时，盆内底部应垫2～4厘米厚粗料或建筑用陶粒，上盆方法同温室或露地栽培方法。上盆后，置光照、通风良好的阳台面上，放置时应平稳牢固，经得起风吹雨打。栽植前期保持盆土湿润，30～50天后减少浇水量，勤喷水，盆土土表不干不浇水。浇水、喷水应在早晨或傍晚自然气温与水温相差较小时进行。阳台多为单面光照，植株受光面非常不均，故月余转盆一次，以防植株因追光而弯向光照强的一面，一旦因追光偏向一侧，很难扶正，只能脱盆扶正重栽。随时薅除杂草。土表板结时松土。每月余追肥1次，阳台环境为避免异味，最好选用埋施或施用无机肥。应用成品复合肥选用埋施，单一或易溶于水的种类，选用对水成浓度3%的水溶液浇灌，应用无机肥每15～20天1次。自然气温低于12℃或霜前移入室内，有条件时最好摆放于有光照处，盆土保持偏干，盆土不干不浇水。叶片有浮尘时，喷水冲洗或用软毛刷刷洗。龙舌兰叶片有刺，应摆放在儿童接触不到的场地，以防万一。

19. 怎样栽培好雷神？

答：雷神又叫菱叶龙舌兰，是龙舌兰属中较小的种类，多为小盆栽培观赏。

(1) 准备栽培场地：

一般情况雷神在有遮阳的温室或阴棚下栽培，直晒下栽培叶色不甚鲜明。温室内栽培时将花架清理洁净，同时将温室及所有设施进行一次维修。如果新建立花床或花架，高度最好在40～90厘米。可选用砖石、水泥、金属或竹木等材料搭建。为养护管理方便，通常花架（栽培床）宽度1.2～1.6米，长度按温室进深而定。床与床间预留0.8～1.2米宽操作通道，温室后口留搬运通道，宽度不小于1.2米。并喷洒一遍杀虫灭菌剂，习惯上应用40%氧化乐果乳油1000～1200倍液加75%百菌清可湿性粉剂500倍液，喷洒宜细密，不留死角。

(2) 栽培容器选择：

选用8～12厘米口径高筒瓦盆为最好，也可选用高密度材质花盆，花盆宜洁净完整。

(3) 栽培土壤选择：

栽培土选用普通园土40%、细沙土30%、腐叶土30%，另加腐熟厩肥10%～15%，应用腐熟禽类粪肥、腐熟饼肥、颗粒或粉末粪肥应在8%左右，经充分暴晒、翻拌均匀后应用。栽培土壤为沙壤土时，沙壤土占60%左右，腐叶土40%左右，另加肥不变。

(4) 摆放：

上盆后即摆放于温室内花架上，并应横成行，竖成线，南低北高，整齐摆放。温室遮阳50%，摆放在温室后口（北侧）可不遮阳。

其它栽培养护参照龙舌兰。

20. 家庭小院怎样栽培雷神这种小巧玲珑的小盆花？

答：于春季自然气温稳定于12℃以上时，将盆栽的雷神移至室外窗台或半阴场地，喷水冲洗叶片基部一冬的积尘。不可直接移至直晒处，防止产生日灼。移至半阴处后，逐步移至直晒下，可以避免日灼伤害，或在半阴场地栽培。在通风良好的树荫下、瓜棚下、建筑物北侧能良好生长。每日早晨或傍晚浇水或喷水，避开炎热中午，浇水一次浇透，中午发现缺水应傍晚再浇水，以防浇水后土壤中热空气急速上升造成茎基部受害。每15～20天追肥1次，可选用浇施或埋施。摆放的场地如果单向受光时，应10～15天转盆1次。随时清除花盆内杂物。土表板结时中耕松土，保持土表通透，随时薅除杂草。雨季及时排水。室外自然气温低于12℃或霜前移回室内光照充足场地，保持盆土偏干，不干不浇水，叶片有浮尘时，在室内喷水清洗或用毛刷刷洗。室温最好不低于5℃，但长时间低温也会受到伤害。翌春自然气温稳定于12℃时，移至室外栽培。每隔1～2年脱盆换土1次。

21. 在楼房阳台怎样栽培好雷神？

答：南向、东向、西向阳台均能栽培。北向阳台需要有充足明亮光照，或早晚有直晒光照，并需通风良好。春季室外自然气温稳定于12℃以上时，移至敞开阳台半阴或直晒光照处。摆放的位置与出房早晚有关，出房时自然气温较低，光照较弱，应摆放于直晒光照下；出房较晚，中午光照强烈时，应摆放在半阴或有遮光处，随适应，逐步移至直晒下。摆放好后喷水或用毛刷将积尘洗净。摆放位置应距墙面30～40厘米以外，以防夏季墙体释放的辐射热伤害叶片。浇水、喷水最好在早晨或傍晚，避开中午。生长期间每15～20天追液肥1次，选用埋施时20天左右1次，应用肥料必须腐熟，随时松土除草。阵雨转晴或久雨转晴天气，最好移至半阴处，待盆土见干后再移回原处。10天左右转盆1次。霜前移入室内，置光照充足场地，减少浇水，保持盆土不干不浇。供暖前或停止供暖后两段低温时间段，尽可能不浇水或少浇水，供暖后或升温后再浇水。因冬季室温较高，更易因追光而偏向阳光一侧，故应及时转盆。一般情况冬季不追肥，翌春脱盆换土。

22. 怎样用容器栽培凤尾兰？

答：凤尾兰为常绿亚灌木，株型端庄大方，耐寒、耐贫瘠，适应性强，既能盆栽也能地植，栽培养护容易。

(1) 平整栽培场地：

于春季化冻后，选通风、向阳、排水良好场地进行平整，将场地内杂物清理出场外，并做妥善处理。对坑洼不平处填平夯实。按方规划出花盆摆放位置及养护操作、搬运通道。地面做成0.3%～0.5%排水坡度。

(2) 栽培容器选择：

苗期选用口径14～20厘米高筒花盆，成苗期依据植株高矮及冠径大小选用30～60厘米口径花盆或木桶。花盆的材质可依据陈设需要或个人爱好而选择，可选择通透性较好的瓦盆、白砂盆、木盆，也可选用缸盆、瓷盆、硬塑料盆，无论哪类盆均需清洁完整。

(3) 栽培土壤选择：

凤尾兰对土壤要求不严，在普通园土中即能良好生长。容器栽培由于容土量有限，含肥量也受到限制，应选用合理的人工配制土壤。

常用人工组合土壤有：普通园土40%、细沙土30%、腐叶土30%，另加腐熟厩肥10%～15%，应用腐熟禽类粪肥、腐熟饼肥、颗粒或粉末粪肥为8%左右，最好不大于10%；沙壤园土60%～70%、腐叶土40%～30%，另加肥不变；普通园土60%、腐叶土40%，另加肥不变。无论选用哪种组合土壤，均需充分晾晒、灭菌灭活后应用。

(4) 上盆栽植：

将备好的容器用纱网垫好底孔，木桶或大口径花盆可选用瓦片。填一层堆沤厩肥或腐叶土筛余的粗料，栽植小苗时，填土至盆高的1/2～2/3时，一手握苗，将苗根部放置于盆中央，一手用苗铲填栽培土，随填随压实，随将苗扶正，填至留水口处刮平压实。栽植大苗时，垫好底孔，填入粗料后再垫一层栽培土（按土球大小填土），将土球苗放入容器扶正后，四周填土，刮平压实，或填栽培土至土球高的2/3～3/4处，沿盆壁四周撒一圈腐熟肥后再填栽培土至留水口处。水口从土表至盆口距离依据容器大小而定，较小容器2～3厘米，大容器5～10厘米。

(5) 摆放：

按横向小盆4～6盆为一排，长向4～8米，此为一方，不宜过长，养护不方便。方与方间依据株型大小，预留40～100厘米宽养护操作空间，长向两侧留搬运通道。摆放应南低北高，以利通风光照。有苗出圃后，及时调整补齐。

(6) 浇水：

摆放完成后，立即浇透水，并喷水于叶片，保持盆土湿润。恢复生长后减少浇水次数及浇水量，土表不见干不浇水。浇水一次浇透，不宜浇半口水。夏季浇水时间最好在上午或下午，避开炎热中午，春秋天气凉爽季节，改在中午气温最高时进行。高温、干旱、风多天气多浇，低温、阴雨天气少浇或不浇。雨天及时排水。浇水后盆内遇有积水，及时找出原因排除，积水原因多为在盆底孔处淤有泥土，或盆内有地下害虫所致。

(7) 追肥：

容器栽培凤尾兰土壤容量及含肥量有限，植株生长发育中吸收消耗很快，需按时补充营养元素。每20天左右追液肥或30天左右埋施1次肥料。浇施时宜在上午或下午浇灌，浇肥后5～7天保持盆土稍湿，谓之肥大水大，以后恢复常规浇水。埋施有多种方法，可周围埋施，分段埋施，点施及撒施。周围埋施是将盆土于近盆壁处掘开一小沟，沟的宽窄深浅依据容器大小、植株大小而定，一般情况小盆3～4厘米，大盆5～10厘米左右，将腐熟肥料撒于沟内，原土回填，压实刮平后浇透水。分段埋施是将沿盆内壁土壤每隔一段将盆土掘开，撒入肥料后原土回填。点施是用金属管制作一个专用工具，直径3～5厘米，沿盆壁用手下压，将土壤取出，埋入肥料后原土回填。撒施是将肥料均匀撒于盆内土表，然后用挠子将其掺拌于盆土中。几种方法的效果是相同的。应用无机肥时，对水成浓度2%～3%

浇灌，也可适量埋施。

(8) 中耕除草：

雨后、肥后或土表板结时中耕松土，保持土表通透，便于根系呼吸，有利于生长发育。杂草不但在有限的土壤中与凤尾兰争夺养分、水分，还遮挡阳光，影响土温的上升，应随时薅除，除草宜小不宜大，幼苗时根系小极易薅除，一旦长大根系与凤尾兰缠绕在一起时，只能用枝剪由土表以下将根茎连接的关节以下剪除，又费工又费力，不小心还会伤及凤尾兰根系。

(9) 修剪：

通常与中耕除草同时进行，发现有黄枯叶、病残叶，将其用枝剪由基部剪除。

(10) 室内养护：

上冻前追肥1次，将盆内清理洁净，剪除黄枯、病残老叶，用绳索将叶片捆拢，移入冷室、冷窖，在不损伤叶片情况下可分层码放。保持盆土不积水不过干。0℃以下时覆盖蒲席或保温被，每天上午9:00左右掀开充分受光，下午16:30～17:00盖席，遇有风雪天可不掀席，也可隔一块掀一块。雪天停雪后及时除雪。低于0℃不会受害，但过于寒冷会冻坏栽培容器。

每2～3年于春季脱盆换土一次。在冷窖、阳畦、小弓子棚中，只要不冻坏容器，均能良好越冬。

23. 绿地中怎样片植凤尾兰？

答：凤尾兰可用于绿地美化，四季常绿，耐寒耐旱，不择土壤，为绿化的良好植物材料。

(1) 平整翻耕栽植场地：

平整翻耕栽植场地与绿化施工整体进行。土壤中含砖瓦石砾较多时，应过筛，筛出的杂物运出场外或深埋，深埋时应填于70厘米以下。回填土分层夯实，最后还需浇水沉实，以防雨季沉陷。另外绿地中需铺设上水、下水、照明或其它管线或设施，应在翻耕土地前施工。翻耕后按每亩施入厩肥或垃圾肥2500～3000千克，应用粪肥时为1000～1500千克，撒均匀后二次翻耕，使肥料均匀分布于土壤中，并做成0.3%～0.4%排水坡度。

（2）定点放线：

按图纸的倍数找出一个标点后，用量绳或皮尺找出一个点，然后按点放线，并用石灰粉作出标记，再沿标记线用铁锹叠土埂。

（3）栽植：

叠埂后，再次用平耙将埂内耙平。片植时，按80厘米株行距掘栽植穴，穴的直径应大于土球直径，通常35厘米左右，方栽植穴为35×35（厘米）。栽植穴壁与底应是90°角，不应掘成锅底形，深度也不应浅于35厘米。栽植时先将穴内填一层松土，刮平稍压实后，放入土球苗，放正后四周填土，并随填随压实，填至与自然地面相平，并随时总体耙平。

（4）浇水：

栽植完成后即行浇水。浇水时，出水口（畦的入水口）处垫一草垫，将水浇在草垫上，水通过草垫再渗入畦坛，以免因水压过大而将土壤冲得坑洼不平。浇完后将草垫撤离，3～5天后再次浇水，8～10天第三次浇水，以后每3～5天浇水1次，待恢复生长后，土表不干不浇水，并将土埂铲平（封埝）。雨季及时排水。秋季最好保持偏干。霜后冻前浇越冬水，以后土壤不过干可不必浇水。但花期最好保持湿润，促使良好开花。

（5）追肥：

一般情况第二年后，每年春季化冻后或秋季冻土前埋施腐熟肥一次，至翌年再追肥。如果有条件，夏季追1次肥，则长势更健壮。

（6）中耕除草：

栽植后发现土壤板结进行中耕。铺观赏草后停止中耕。但杂草应随发生随薅除。

（7）越冬：

一般情况只在上冻前浇越冬水，即能安全越冬。化冻后浇返青水，即能良好恢复生长。

24. 凤尾兰能在屋顶花园栽培吗？

答：屋顶花园或屋顶绿化，首先考虑的是房屋主体墙与屋顶的承重及防水、排水情况。只有承重、排水不存在问题时，才能实施。凤尾兰在屋顶花园中能良好生长。可以直接定植于基质中，也可以用容器栽培，陈设于屋顶上。

(1) 直接定植布置于屋顶：

加强防水：在原有的防水基础上加强或新增一层防水层。排雨水口，增加或加密淋水箅子，以防栽培基质流入排雨管而堵塞。

铺排水层：在防水保护层上设金属箅子（铁爬子）排水暗沟，沟上铺过滤网，以便顺畅排水。

铺设栽培基质：栽培基质应选用轻型材料，底层颗粒大一些，上层小一些。底层材料可选用碎木屑、碎树枝、碎树皮、陶粒等，厚度10～20厘米，其上铺一层保护纱网，保护网上铺栽培基质。常用栽培基质组合有普通园土30%，腐叶土40%，锯末刨花30%；或普通园土40%，腐叶土20%，蛭石20%，碎树皮、锯末刨花20%，另外加腐熟粪肥10%左右。也可用腐叶土、蛭石、碎树皮、锯末刨花等组合，另加腐熟肥15%左右，混合成栽培土。土层深度30厘米左右。如应用佛甲草、垂盆草、过路黄等铺面，可呈高低起伏的地貌。

栽植：屋顶花园通常面积不大，栽植数量不会太多，多采用孤植或3～5株散点。栽植时将土球苗的土球两侧底部捆绑两根小竹竿或小木棍，长度要稍大于冠径，防止风大，栽培基质轻软而造成倒伏。经过几年生长，根系增大，倒伏即会减少或消失。散点时，小竹竿或小木棍可相互连接在一起，或捆绑在起防护作用的地下支架上，则更牢固。固定好后，填栽培土并压实刮平。

栽植后养护管理：土球苗最好于春季至初夏栽植时期有充分的生长适应阶段。栽植确认稳定后，即行浇水或喷水至透，以后基质表面不干不再浇，可在上午或下午适当喷水，保持较高的空气湿度。夏季喷或浇施1次磷酸二铵及磷酸二氢钾3%混合溶液，也可适量撒施后浇透水，临近霜期前再浇一次。随时薅除杂草。冻土前覆塑料薄膜或无纺布越冬，并浇一次越冬水。翌春化冻后浇返青水，新叶萌动前浇一次肥水后，恢复常规养护。

(2) 容器栽培：

利用容器栽培凤尾兰，布置或陈设于屋顶花园有两种方法：一种为将容器栽培苗直接摆放陈设，这种苗冬季需入室养护；另一种是将容器埋入基质内。栽培容器最好应用木桶或木箱，以求通透稳定，冬季覆盖越冬。

25. 怎样在绿地中栽植及栽培好丝兰？

答：丝兰较耐寒、耐旱、耐贫瘠，形态端庄奇特，丝丝纤维曲卷如羊毛，若飞若飘，为良好的景观配置常绿小灌木。地栽、盆栽均可参照凤尾兰栽培养护。

26. 怎样用容器栽培千手兰？

答：用容器栽培千手兰方法如下。

(1) 栽培容器选择：

应依据用途及植株大小选择容器的大小。株型较小时，选用口径16～20厘米高筒花盆，大型植株应选择口径30～40厘米高筒花盆。应用高密度材质花盆时，应选用通透性好的栽培土。应用的栽培容器应洁净完整。

(2) 栽培土壤选择：

应用通透性较好的瓦盆时，为普通园土50%、细沙土20%、腐叶土或腐殖土30%，另加腐熟厩肥10%～15%，应用禽类粪肥、腐熟饼肥、颗粒或粉末粪肥为8%左右，经充分晾晒、翻拌均匀后即可应用。应用高密度材质花盆时，普通园土、细沙土、腐叶土或腐殖土各1/3，另加腐熟厩肥10%左右，应用禽类粪肥、腐熟饼肥、颗粒或粉末粪肥为6%～8%，经充分晾晒、翻拌均匀后应用，并需加入排水垫层。

(3) 栽植：

栽植前先将叶片向内绑拢，再将备好的通透性好的花盆用塑料纱网或碎瓷片等垫好底孔，填装一层栽培土，刮平后再将苗放置于中央位置后，四周填土，并随填随扶正，随压实，填至留水口处后，刮平压实，再用双手握盆沿上下蹾2～3次，使根系与土壤紧密结合在一起。浇透水。

(4) 遮阳：

夏季设简易阴棚遮阳50%左右，长势较好。如果在自然气温8℃时出房，摆放在直晒光照下，在由弱至强的渐变光照下，能忍受夏季直晒光照。

(5) 整理栽培场地：

简易阴棚搭建前先平整场地，将场地内杂物清理出场外，并做妥善处理，再将坑洼不平的地方垫平，并做出0.5%左右的排水坡度。画出摆放盆花的长方形场地及养护通道、搬运通道。无供水管道的花圃，应设有贮水池、贮水缸、贮肥池或缸等，供常规浇水、浇肥之用。冬季在温室内越冬，室温不低于6℃。其它栽培养护参考凤尾兰栽培。

27. 在北方怎样用容器栽培广州剑麻？

答：广州剑麻形态与凤尾兰相近，为制麻的原材料，也是观赏花卉。栽培相对较为容易。

(1) 栽培容器选择：

成型植株多选用口径18～30厘米高筒花盆，植株小时可选用口径较小的花盆。花盆材质可依据需要或爱好而定。

(2) 栽培土壤的选择：

应用通透性好的栽培容器时，为普通园土、细沙土、腐叶土各1/3，另加腐熟厩肥10%～15%，应用腐熟禽类粪肥、腐熟饼肥、颗粒或粉末粪肥时为6%～8%。园土为沙壤土时，沙壤园土60%，腐叶土为40%，另加肥料不变。所有土壤均需经充分晒晾、拌均匀后应用。

其它养护管理参照千手兰。

28. 怎样在北方用容器栽培巨麻？

答：在北方用容器栽培巨麻方法如下。

(1) 栽培容器选择：

苗期选用口径12～18厘米高筒瓦盆，成株选用20～40厘米口径高筒花盆。

(2) 栽培土壤：

参考剑麻。

(3) 栽植：

材质通透的栽培容器按常规方法直接栽植。应用高密度材质花盆时，垫好盆底孔后，垫一层粗料或建筑用陶粒，也可用煤灰渣、木屑等，保证良好的排水性能。

冬季温室越冬参考龙舌兰。

29. 怎样用容器栽培巨丝兰？

答：巨丝兰耐寒性较差，在北方多在温室或阴棚下栽培。

(1) 栽培容器选择：

一般情况成苗选用口径20～40厘米高筒花盆，目前多用硬塑料盆栽培。

(2) 栽培土壤选择：

多选用普通园土、细沙土、腐叶土各1/3，另加腐熟厩肥10%左右，或选用腐熟禽类粪肥、腐熟饼肥、颗粒或粉末粪肥，应为8%左右。

(3) 整理栽培场地：

将场地内杂物清理出场外，并做妥善处理。再将地面坑洼不平地方填平夯实。同时将固定设施如花架、门窗，供水、排水管道等进行一次维修，并设50%遮阳网，喷洒一遍杀虫灭菌剂。画出摆放及养护操作通道位置。如有条件，地面铺一层建筑沙，厚度4～6厘米，有防止地下害虫，增温保湿的作用。

(4) 栽植：

盆底垫好塑料纱网或碎瓷片，后填装一层粗料、陶粒或碎木屑，再填栽培土后栽植。

(5) 摆放：

为养护方便，横向摆放不超过6盆，竖向以温室进深而定，此为一方，方与方间最少应留40厘米宽通道，摆放应横成行、竖成线，南低北高。

(6) 浇水：

摆放好后即行浇水，及喷水于叶片，保持盆土湿润。夏季高温干旱天气，每天上午喷水加湿1次。

(7) 追肥：

每15～20天追肥1次。准备出圃的苗，选用浇灌无机肥，浓度2%～3%。栽培养护苗，最好应用腐熟有机肥，可埋施也可浇施。

(8) 夏季其它栽培养护：

肥后或土壤板结时中耕。室温高于25℃开始开窗通风，高温季节，门窗全部打开通风。随时薅除杂草。

(9) 越冬养护：

自然气温低于5℃时，下午17：00左右覆盖蒲席或保温被保温，翌晨9：00前后掀开（卷起）蒲席充分受光。室温低于6℃时生火供暖。白天高于25℃开窗通风。保持盆土偏干，每天或隔1～2天喷水，增加空气湿度。自然气温12℃以上时停止供暖。

30. 怎样栽培好酒瓶兰？

答：酒瓶兰喜充分明亮光照，也较耐阴，栽培养护较为容易，一般有散射光的场地，能较长时间摆放。株型奇异，条叶飘洒，是一种深受喜爱的盆栽花卉。

(1) 容器选择：

苗期即有观赏价值，常选用10～20厘米口径高筒花盆，成苗多选用30～40厘米口径花盆。对栽培容器要求不严，通透性好的瓦盆、白砂盆、紫砂盆、木盆，通透性不良的高密度材质瓷盆、陶盆、硬塑盆，以及价格便宜的营养钵均能选用作栽培或陈设的容器。栽培容器应清洁完整。

(2) 栽培土壤：

应用通透性较好的花盆时，为普通园土40%、细沙土30%、腐叶土或腐殖土30%，另加腐熟厩肥10%左右，应用腐熟禽类粪肥、颗粒或粉末粪肥为6%～8%。园土为沙壤土时为70%，腐叶土或腐殖土30%，另加基肥不变。应用高密度材质花盆时，为普通园土、细沙土、腐叶土或腐殖土各1/3，另加基肥不变。所有土肥均需经充分暴晒、翻拌均匀后才能应用。

(3) 整理栽培场地：

将温室内或夏季阴棚下的杂物清理出场外，地面铲垫平整夯实。喷洒一遍杀虫灭菌剂。对设施进行维修。地下害虫较多地区，应进行一次杀虫剂浇灌处理。成苗可直接摆于地面，株型较小时应设栽培床。

(4) 栽植：

将栽培容器用塑料纱网或碎瓷片垫好底孔后，填入栽培土至盆高的1/2～2/3处，刮平压实。一手握苗将根部置于盆中央位置，扶正后四周填栽培土，随填随压实、随扶正，直至留水口处，水口的深浅与花盆大小成正比，花盆小的留的水口浅，花盆大留的水口也大，通常2～10厘米，总之以一次浇水保证水口的持水量能由土表渗透至盆底为准。最后在土地地面上蹾实。利用高密度材质花盆时，垫好底孔后垫一层粗料、炉灰渣、木屑、碎树皮等，厚度4～10厘米，再填一层栽培土后栽植。

(5) 摆放：

小苗摆放于栽培床（花架）上。栽培床的宽度最好在1.2～1.8米，以便于养护管理。长度以温室或阴棚进深为准。床与床间应预留不小于40厘米宽的养护操作通道，后口留不小于1.3米宽的搬运通道。前口因采光面较低，也应留适当距离。不用栽培床时，可在地面铺一层塑料薄膜，防溅、防地下害虫，直接将盆摆放于地面，并应横成行、竖成线，北高南低摆放整齐。摆放时，株间距以叶片互不影响光照、通风为度，横向最好不大于6盆，以便养护。

(6) 遮光：

遮光50%～60%，遮阳物夏季搭建于室外，冬季搭建在室内。

(7) 浇水：

酒瓶兰喜湿润，也能耐干旱，生长期间每日上午或下午浇水一次，并喷水于叶片，增加空气湿度。盆土过干、空气湿度不足，常会使叶片先端黄枯。盆土见干时即浇水，如发现有积水或浇不透，应找出原因进行排除。高温干燥天气增加喷水次数。

(8) 追肥：

追肥是土壤补充营养成分的唯一方法。生长期间每20天左右追肥1次，最好应用有机肥，有机肥虽然肥效慢，但肥效长，营养元素含量丰富。应用无机肥时最好用复合肥。

(9) 中耕除草及夏季温室内其它养护：

肥后及土壤表面板结时进行中耕。杂草在适温、适湿条件下时有发生，应随时薅除，特别是入秋以后发生的杂草，更应及时薅除，农谚中有"立秋十八天寸草结籽"、"一场雨一场草"之说，如果不及时薅除，种子落地即是千百棵的一片草。夏季室温高于25℃时开窗通风，夏季门窗全部打开通风。

(10) 冬季栽培养护：

阴棚下栽培苗，于霜前或自然气温低于12℃时移入温室。温室遮阳网由室外移至室内。室内温度低于12℃生火供暖，室温高于25℃的晴天开窗通风。同时安装保温用的蒲席、保温被或厚草帘，每天下午日落后覆盖（落席），翌晨太阳升起后卷起（拉席）充分受光。保持盆土偏干，每1～2天向叶片及场地地面喷水1次，喷用的水应过滤，防止水垢凝结于叶片，一旦沉积无法清除。保持较高的空气湿度，用无滴膜作温室采光面，生长势更好。室温长时间较高时，应适当追肥1～2次。翌春自然气温稳定于15℃以上时，移至阴棚下或留在温室栽培。每2～3年脱盆换土或换盆1次。

31. 在阳台上栽培的酒瓶兰应如何养护？

答：南向、东向、西向阳台，在有遮光或半阴场地，敞开或封闭的阳台，酒瓶兰均能良好生长。北向阳台因光照不足，在通风良好环境中能良好生长。能在有良好散射光处常年陈设。当自然气温稳定在15℃以上时，移至阳台光照充足而无直晒处，叶片距墙面应在20厘米以外，防止墙面辐射热伤害叶片。喷水洗去积尘。也可移回封闭阳台或光照充足的室内。每日早晨或傍晚浇水，浇水同时喷水于叶片及四周场地，以增加空气湿度。在没有直射光照条件下，中午也可喷洒，在相对空气湿度较高环境长势最好。生长发育期间每隔20～25天追肥1次，家庭条件可选用市场供应的小包装促叶、促花混合肥，按说明施用，也可应用磷酸二铵、磷酸二氢钾等隔次按浓度2%～3%浇灌。或埋施腐熟饼肥或花卉市场供应的小包装颗粒或粉末粪肥，埋施方法多采用围施或分段围施，即将盆土沿盆壁处掘开，依据花盆大小宽度2～8厘米，深2～6厘米，大盆深些、宽些，小盆窄些、浅些，撒入干肥后原土回填。应用蹄角片，可延长2～3个月后再追肥。每10～15天转盆1次。土壤板结时松土，随时薅除杂草。摆在敞开阳台上的酒瓶兰，自然气温低于12℃时，移至室内光照较好场地，要距离暖气片50厘米以上。供暖前及停止供暖后两段低温时间段，保持盆土偏干，减少喷水次数，供暖后保持土表不干不浇水，仍需每日向叶片喷水或喷雾一次。仍需坚持转盆。浇水、喷水均需在室内进行，切不可移至室外。翌春自然气温恢复温暖后，移至敞开阳台或留于室内或封闭阳台栽培。酒瓶兰长势较慢，可多年不换盆。

32. 怎样在温室培育虎尾兰?

答:虎尾兰叶片挺拔如剑,耐旱、耐贫瘠、耐阴,为一种栽培比较容易的观叶花卉,花也有淡淡的清香。

(1) 栽培容器选择:

依据种类、株型大小不同而选择栽培容器。矮小种或品种多选用口径10~14厘米高筒盆,中高种或品种选用口径16~18厘米高筒盆,高大种或株丛较大种或品种选用20~30厘米口径高筒盆。可选用通透性好的瓦盆、白砂盆,也可选用高密度材质的陶盆、瓷盆、硬塑料盆,小苗栽培阶段也可选用营养钵或浅木箱为容器。容器应保持洁净完整。

(2) 栽培土壤选择:

应用通透性好的栽培容器时,普通园土、细沙土、腐叶土或腐殖土各1/3,其中细沙土也可选用建筑沙(粗沙土)代用。另加腐熟厩肥10%~15%,应用腐熟禽类粪肥、腐熟饼肥、颗粒或粉末粪肥为8%左右。普通园土为沙壤土时,沙壤园土60%~70%,腐叶土30%~40%。栽培容器为高密度材质时,栽培土应为普通园土20%、细沙土40%、腐叶土40%,另加腐熟肥不变,但需在盆底垫一层排水层。土壤需经充分晾晒、拌均匀后应用。

(3) 栽培场地准备:

虎尾兰为温室栽培花卉,通常在温室或阴棚下栽培。摆放前将场地内杂物清理出场外。通常采用高20~60厘米的栽培床摆放盆栽,如在原地面上摆放栽培,最好在地面上铺一层塑料薄膜,或铺一层4~10厘米厚的建筑沙。栽培床边缘用砖石砌筑,床宽通常1.2~1.6米,长依据温室进深而定,床与床间预留40~60厘米宽操作通道,后口留搬运通道。

(4) 栽植:

栽培容器为普通瓦盆时,将盆底孔用塑料纱网垫好后,垫一层建筑沙,厚度约3~5厘米,再填栽培土至盆高的1/2~2/3处,一手握苗放置于盆中央并扶正,另一手握苗铲向四周填土,随填随压实,随扶正,至留水口处。应用高密度材质栽培容器时,垫好底孔后,垫一层厩肥、腐叶土等的粗料或竹木屑、碎树枝树皮等,再填压一层建筑沙,沙上垫一层栽培土再行栽植。

（5）遮光：

摆放前温室设遮阳网，遮去自然光50%左右。一般情况，遮阳网夏季设在温室采光面外面，冬季移至室内。

（6）摆放：

横成行、竖成线，南低北高地摆放在栽培床上。

（7）浇水：

无论分株苗还是扦插苗，在栽植摆放好后，均需2～3天后浇第一次透水，并向叶片喷水，土表见干后再行浇水喷水。缓苗后生长期间保持盆土湿润不积水，低温环境保持偏干。长时间过湿会导致烂根，偏干些不会影响生长。喷叶用水应过滤，防止水碱污染叶片，发现叶片有污渍应及时用棉球或棉织品擦拭去除。

（8）追肥：

虎尾兰耐贫瘠，需肥量不是太多，生长期间每月余追肥一次足够吸收消耗应用。选用埋施腐熟饼肥、腐熟禽类粪肥，或加工成商品的颗粒或粉末粪肥，或蹄角片、鱼粉、虾糠等肥料时，4～6个月埋1次，不会影响生长。埋施多选用分段围埋或围埋。肥后应加大浇水量，也就是农谚中的"肥大水大"、"肥大水勤"的说法。

（9）松土除草：

栽培虎尾兰，沙质土及腐叶土含量多，土质较松软，土表较少板结。杂草随时发生随时薅除。

（10）冬季室内养护：

室外自然气温低于5℃时，将遮阳网移至室内，并固定牢固，安装好保温设施，保温材料常见有蒲席、厚草帘、保温棉被等。维修好供暖设施，室温低于8℃生火供暖。每天上午9：00左右卷席充分受光，下午17：00左右盖席保温。室温高于25℃开窗通风。盆土保持偏干，不干不浇水，更不能积水或长时间过湿，积水及长时间过湿会导致烂根。通常温室空气不过于干燥，最好也不喷水，叶片有积尘时，待土表干燥后，喷水于叶片。室外自然气温回升至15℃以上时，不再盖席，20℃以上时，遮阳网移至室外。加大通风，恢复常规养护。

33. 在阳台及室内怎样栽培虎尾兰？

答：虎尾兰喜明亮散射光，耐阴性强，不耐直晒，是家庭养花的良好花材。南向、西向没有防雨罩的阳台，需遮阳。东向阳台因光照相对较弱，可摆放在阳台面养护。北向阳台只要通风良好，有较好的散射光，也能栽培养护。春季自然气温不低于15℃时，由室内移至阳台，叶片距墙面不小于20厘米，向叶片喷水或喷雾洗净叶片上的积尘。每日早晨或傍晚浇水或喷水，保持盆土不过干，不积水，如发现积水或渗水不畅，应及时找出原因，及时处理。每月余追肥1次，家庭条件可选用市场供应的小包装肥料，也可埋施腐熟饼肥、颗粒或粉末粪肥、腐熟禽类肥、蹄角片等，肥后10～15天保持盆土湿润，不过干。土表板结时松土，随时薅除杂草及转盆。室内栽培的注意通风，夏季每5～7天移至室外，向叶片喷水清洁叶片，如尘污过多，除喷水清洗外，还应用棉球或棉织品擦拭。入秋后减少浇水次数，土表不干不浇。自然气温低于12℃时，移回室内或放封闭阳台上。供暖前及停止供暖后两段低温时间段，不过干不浇水。供暖后或自然气温升高后的一段时间，土表不干不浇水。冬季喷水应在室内进行。浇喷前将自来水放入广口容器中，待水温与室温相近时再应用。室外自然气温稳定于15℃以上时，移至敞开阳台栽培，或留于封闭阳台或室内栽培。

34. 朱蕉如何栽培才能良好生长？

答：朱蕉类多产于热带地区，北方地区多在温室或夏季阴棚下栽培。

(1) 栽培容器选择：

苗期及矮生种多选用口径12～16厘米花盆，成株多选用口径20～40厘米花盆。可选用透气性较好的瓦盆、白砂盆、紫砂盆，也可选用高密度材质的陶盆、瓷盆、硬塑料盆等，小苗期也可选用营养钵进行栽培。栽培容器应保持洁净完整。

(2) 栽培土壤选择：

选用普通园土、细沙土、腐叶土或腐殖土各1/3，另加腐熟厩肥10%～15%，应用腐熟禽类粪肥、腐熟饼肥、颗粒或粉末粪肥时为8%左右；或普通园土30%、细沙土20%、腐叶土或腐殖土40%、蛭石10%，另加腐熟厩肥等不变。普通园土为沙壤土时，沙壤土为60%、腐叶土或腐殖土40%，另加腐熟厩肥10%～20%，经充分晾晒、翻拌均匀后上盆应用。

(3) 栽培场地准备：

摆放前将栽培场地内杂物清出场外，并做妥善处理。将场地平整夯实，有条件可铺4～6厘米厚建筑沙或塑料薄膜。并规划出摆放位置、操作及搬运通道。摆放用的花床通常宽1.2～1.6米，不宜过宽，否则养护操作较为困难，长度按温室进深而定。喷洒一遍杀虫杀菌剂，杀虫杀菌剂习惯上应用40%氧化乐果乳油1000～1500倍液，加75%百菌清可湿性粉剂500～600倍液，并宜细密喷洒。温室内的设施如有损坏，也应进行维修。夏季在室外设遮阳网，遮去自然光60%～80%，冬季移至室内。

(4) 上盆栽植：

朱蕉类多为灌木状单干苗，依据株型可单株或2～3株组合栽植。将备好的花盆垫好底孔后，填一层栽培土然后栽植。多株栽植时，株间宜留适量空间，最好呈三角排列，这样株冠易圆整。上盆时一手将叶片拢起，将根部放入盆内，扶正后四周填栽培土，对多株苗将间距固定好，填土至留水口，刮平压实。应用高密度材质容器时，垫好盆底孔后垫一层粗料、木屑、碎树枝、碎树皮或碎炉灰渣、陶粒等，厚度3～6厘米左右，上面填一层栽培土后栽植。

(5) 摆放：

上盆后在规划好的摆放位置按南低北高、横成行竖成线整齐摆放，摆放的株行距以叶片互不影响通风、光照为原则。

(6) 浇水：

摆好后即行浇透水，并向叶片喷水，保持盆土偏湿。虽然能耐短时干旱，但干旱会导致叶片先端干枯或老叶早落。室内相对空气湿度70%～80%长势良好。浇水时间在上午或下午，避开中午。所用水最好选用过滤水，以防水垢滞留于叶片造成污渍，一旦产生污渍很难彻底清除。在无滴塑料薄膜温室中，由于相对空气湿度高，长势较好。

(7) 其它栽培养护：

室温20～26℃生长较好，室温高于25℃开窗通风。高温炎热天气增加喷水次数。土表板结时中耕，随时薅除杂草。月余追肥1次，可浇施也可埋施。应用硫酸亚铁或明矾将土壤酸碱度调整至pH值6～7之间，浇灌矾肥水效果较为理想。随生长株冠不断增大，应生长一段时间显得拥挤时，拉开间距重新摆放。

(8) 冬季栽培养护：

室温低于12℃，将遮阳网移至室内，安装保温蒲席或厚草帘、保温被，开始供暖保持在12℃以上，并于下午17：00左右落席保温，翌晨9：00前后卷席，使其充分受光。室温高于25℃时开窗通风。每天上午向叶片及场地四周喷水或喷雾，保持较高空气湿度。盆土见干时补充浇水。如果长时间室温过高，可适量追稀薄液肥。室外自然气温稳定于20℃左右时，开窗通风，不再覆盖保温物，逐步恢复常规栽培。

35. 家庭小院怎样栽培朱蕉类花卉？

答：春季自然气温稳定于12℃以上时，将盆栽朱蕉由室内移至室外半阴或有遮阳场地，在浓荫的树下、藤萝架下、瓜棚下、建筑物北侧、没有直晒光照的窗台、明台上均能生长。移出后向全株喷水，冲去积尘。盆下垫1～2层砖石，一是防止地下害虫由底孔钻入盆内；二是防止地面泥土溅在花盆外壁或叶片上。自然气温升到20℃以上时，最好保持植株四周地面潮湿，以增加小环境空气湿度。每天早晨或傍晚浇水结合喷水。每25～30天追肥1次，肥后3～5天或土表板结时浅松土，发现杂草及时薅除。发现老叶枯黄及时剪除。雨后及时排水，恶劣天气时，移至安全场地。霜前将花盆内清理洁净，盆外进行擦洗后移至室内光照较好场地，室温保持在12℃以上，室温越低，要求光照越好。叶片有积尘时，在室内冲洗或用棉织品擦拭。5～7天转盆1次，保持盆土湿润或稍偏干，长时间室温低、盆土湿、光照弱，易导致烂根。翌春室外自然气温稳定于15℃以上时，移至室外复壮栽培。

36. 在阳台上怎样栽培好朱蕉类花木？

答：朱蕉类植物多数喜半阴，不耐直晒。家住楼房环境，四个朝向阳台均能栽培。南向、西向阳台应适当遮阳，有防雨罩阳台不必遮阳，或摆放在无直射光照处。东向阳台可摆放在阳台面上，北向阳台最好早晚有直射光或散射光较充足，并需通风良好。于春季自然气温稳定在12～15℃时，移至敞开阳台，摆放位置距离墙面不小于30厘米。盆下垫接水盘或沙盘沙箱。喷水或喷雾冲洗叶片上的积尘，浇透水，接水盘内最好不积水，每天早晨或傍晚浇水、喷水，连同场地四周及墙面喷湿。自然气温20℃以上时，保持接水盘内经常有水，沙盘沙箱内建筑沙潮湿。风天、干燥炎热天气增加喷水次数。每25～30天追肥1次，可浇施也可埋施，最好应用花卉市场供应的小包装肥料，按说明施用。随时转盆，随时薅除杂草。肥后及土表板结时浅松土。发现老叶变黄及时剪除。发现盆土沉陷及时填新土。

如果需要在室内陈设，最长不超过15天，应移回阳台复壮栽培。封闭阳台内栽培，要求通风、光照良好，有较潮湿的空气。霜前移入室内光照充足场地，最好每天向叶片喷水或喷雾，或用湿棉织品擦拭，擦拭用力宜轻不宜过重。供暖前、停止供暖后两段低温阶段，保持良好光照，盆土稍干，但不能过干，过湿、过干对植株均会产生危害。喷水、浇水均应在室内进行，并应提前将自来水放入广口容器，待水温与室温相近时再浇或喷。摆放的位置应距离暖气片50厘米以外。一般情况2～3年脱盆换土1次。翌春自然气温稳定于15℃以上时，移至室外栽培。

37. 怎样养好巴西木？

答：巴西木喜充足明亮光照，畏直晒。幼苗至成苗均有观赏价值。

(1) 栽培容器选择：

苗期选用口径14～16厘米高筒花盆，成苗选用20～40厘米口径花盆。可选用通透性较好的瓦盆、紫砂盆、白砂盆，也可选用高密度材质的陶盆、缸盆、瓷盆、硬塑料盆等，栽培阶段也可应用营养钵。花盆应清洁完整。应用旧花盆时，如盆壁有水垢堆积，可使用硬毛刷、锉刀刷、钢丝刷等刷除后，用清水洗净后再用。

(2) 栽培土壤选择：

选用普通园土、细沙土、腐叶土或腐殖土各1/3；或普通园土30%、细沙土30%、腐叶土或腐殖土20%、蛭石20%；园土为沙壤土时60%，腐叶土或腐殖土40%，另加腐熟厩肥10%～15%，应用腐熟禽类粪肥、腐熟饼肥、颗粒或粉末粪肥时为8%左右。经充分晾晒、翻拌均匀后应用，或在干燥环境贮存。选用高密度材质花盆时，盆底垫粗料或陶粒等。

(3) 整理栽培场地：

将场地杂物清理出场外并做妥善处理。对设施进行维修，将场地平整夯实，做成0.5%坡度。喷洒一次杀虫灭菌剂。设立60%～70%的遮阳网。规划好摆放场地，预留操作及搬运通道。

其它栽培养护参照朱蕉的栽培养护。

38. 在简易温室中，怎样用容器栽培好富贵竹？

答：富贵竹是目前栽培较广的小花木，很多人称为绿植。喜半阴环境，既能土栽，又能水培，并能编制成很多造型。

(1) 栽培容器选择：

用土栽培的容器，应依据用途及个人爱好选择，小盆栽时，可选口径8～10厘米花盆，或12～20厘米口径花盆；造型、造景植株，应选用30～40厘米口径花盆。可选用通透性好的瓦盆、白砂盆、紫砂盆，也可选用高密度材质的陶盆、缸盆、瓷盆、硬塑料盆等，有画面的花盆，画面不宜过于繁复、艳丽，以防喧宾夺主。

(2) 栽培土壤选择：

一般情况选用普通园土、细沙土、腐叶土或腐殖土各1/3。园土为沙壤土时，沙壤土60%左右，腐叶土或腐殖土40%左右。也可选用普通园土50%、腐叶土或腐殖土50%，另加腐熟厩肥10%～15%，应用腐熟禽类粪肥、腐熟饼肥、颗粒或粉末粪肥时为6%～8%，再加适量硫酸亚钛或明矾，将其pH值调整至6～7。

(3) 整理栽培场地：

富贵竹有小盆、大盆栽培之分，小盆摆放在栽培床上，大盆应摆放在整理好的地面上。遮光70%～80%。栽种参考朱蕉栽培。

(4) 追肥：

生长期间20～25天追肥1次，最好隔次浇施矾肥水1次，以防缺素病发生。埋施时，每50～60天加埋硫酸亚铁，小盆3～5克，大盆30～50克，均有改善土壤pH值的良好作用。应用无机肥时，对水成浓度2%～3%浇灌。

(5) 浇水：

富贵竹喜湿润土壤，每天上午或下午浇水或喷水，保持盆土湿润，场地四周潮湿。风天、炎热天气增加喷水次数。

(6) 中耕除草：

土表板结时松土，发现杂草及时薅除。

(7) 冬季养护：

入冬前将供暖设施进行一遍维修。将遮阳网由室外移至室内，将保温蒲席或厚草帘、保暖被安装好。当室温降至12℃以下时，生火供暖。每天下午17：00左右落席保温，翌晨9：00左右拉席，使其充分受光。室温保持12℃以上，高于25℃的晴好天气，开窗通风。上午至中午浇水或喷水，所用的水应该过滤，以免水垢滞留于叶片造成水垢斑，长时间滞留造成积斑很难去除。保持盆土湿润，有条件时，室温偏高时追浇1～2次矾肥水。

39. 怎样水培富贵竹？

答：水培富贵竹方法如下。

（1）栽培容器选择：

只要能盛装一定量的水，均能作为栽培容器，如瓶、罐、碗、杯、盒、盘、桶、盆等。装水前先刷洗洁净，不漏不渗水。

(2) 栽培用水的选择：

前期（生根前）选用自来水、井水、深井水或无化学污染的河水、塘水、湖水、雨水等。以自来水或纯净水、矿泉水为最好。后期（生根后）选用无土栽培营养液（配制方法参见《天南星科观叶植物》分册），营养液可在花卉市场选购。或在一定时间加入适量三要素，也能维持生长。

(3) 插穗处理：

插穗的长短按需要而定，长度多在10～70厘米。带叶或不带叶均能成活。切取时，在基部茎节下1.5～3厘米处用利刀切下，切口要平整，无劈裂无毛刺，无其它破损，速蘸生根剂，或将生根剂按0.2%～0.3%混于清水中。如果在夏季，或能有较高室温，空气湿度较高时，也可不添加生根剂。温度低于18℃，生根速度减慢。

(4) 摆放场地选择：

富贵竹对环境适应性较强，除在有遮光60%～80%的温室中栽培，夏季在阴棚下，有散射光的普通室内、封闭或敞开阳台，均能良好生长。

(5) 栽培养护：

一般情况营养液或普通清水出现浑浊时，应将植株取出，再将根部洗净，茎叶有积尘时同时清洗干净，再将容器内水或水溶液倒弃，用清水将容器内外洗净后，换入新营养液或清水。应用不加任何营养元素的清水栽培时，恢复生长一段时间后，很可能会发生叶片颜色变淡并逐渐变为黄白色，叶片变小、先端干枯，严重时全株死亡，这种情况为严重缺素症，应在出现变淡时及时加入营养液，或改为有土栽培，冬季室温过低，也会出现这种现象。冬季室温最好不长时间低于12℃。发现老叶黄枯及时剪除。每3～5天向叶片喷水一次。植株过高，形态零乱时，进行修剪、扦插更新，下段带根部分进行土壤栽培复壮。

40. 家住楼房，在阳台上怎样栽培富贵竹？

答：家庭环境，无论是楼房的敞开阳台、封闭阳台，光照较好的室内，平房小院，只要养护适当，均能良好生长。春季自然气温稳定于15℃以上时，移至室外半阴场地，喷水冲洗叶片上的积尘，自然气温20℃左右时脱盆换土。栽培土可选用普通园土、腐叶土或腐殖土各50%；或普通园土、细沙土、腐叶土或腐殖土各1/3；园土为沙壤土时，应为沙壤土、腐叶土各50%左右。另加腐熟厩肥10%左右，应用腐熟禽类粪肥、腐熟饼肥、颗粒或粉末粪肥为6%～8%。另外也可用普通园土加腐熟肥10%～15%，拌均匀后经充分晾晒后上盆。换好盆后仍置原处，盆下垫接水盘，浇透水，每日早晨或傍晚浇水及向叶片喷水，同时将场地四周喷水。3～5天转盆1次。15～20天追肥1次，肥料选用花卉市场供应的小包装肥，如有条件浇施矾肥水应是最佳选择，或适量增加硫酸亚铁，调整土壤酸碱度。土壤板结时浅松土，随时薅除杂草。自然气温低于12℃时移回室内光照较好场地。供暖前、停止供暖后两个低温时间段，如果不低于10℃不必保护，低于10℃罩塑料薄膜保温，并在室内充分受光。盆土表面见干即行浇水，保持盆土湿润，如果室温能保持18℃以上时，最好能偏湿。在光照较暗的室内摆放，最好不超过5～7天，最好移至光照充足场地养护。封闭阳台或室内栽培，选光照较明亮处。1～2年扦插更新，老株脱盆换土。

41. 住楼房条件怎样栽培巴西木？

答：在楼房的敞开阳台、封闭阳台均能栽培巴西木。南向、西向阳台应适当遮光；东向阳台早晨光照较弱，中午无直射光，可于阳台面栽培；北向阳台应有较好光照及通风良好，早晚有直射光则更好。春季自然气温稳定于15℃以上时，移至室外或在有明亮光照的室内或封闭阳台，盆下垫接水盘或沙盘、沙箱。喷水冲洗叶片上的积尘。敞开阳台上的盆栽巴西木，经过一段适应后，连同室内栽培的同时脱盆换土。栽培土选用普通园土30%、细沙土30%、腐叶土或腐殖土40%；或沙壤园土50%、腐叶土或腐殖土50%；另加市场供应的颗粒或粉末粪肥6%～8%，经充分晾晒、翻拌均匀后上盆，仍置原处浇透水。以后每日早晨或傍晚浇水，及向叶片喷水，保持盆土偏湿，高温、干旱、多风天气，增加喷水次数。每5～7天转盆1次。20～25天追肥1次，肥料选用市场供应的小包装肥料，按说明施用，气温低于15℃停止施肥。应用无机肥时，对水成浓度2%～3%浇施，如发现新叶颜色变淡，光泽度变暗，适量增加追肥次数，调整盆土干湿度，并浇施硫酸亚铁、锰、硼、锌等肥料，调整土壤元素含量，以利植株吸收利用，改善病态，恢复健康生长。土表板结时松土，随时薅除杂草。

自然气温低于12℃时，移至室内有光照场地，逐渐减少浇水，保持土表不干不浇水，按时向叶片喷水或用湿棉织品擦拭。供暖前、停止供暖后两段低温阶段，只要室温不低于10℃，白天有良好光照，保持盆土偏干，即能安全度过。如低于10℃，在5℃以上时，可罩塑料薄膜罩能安全过冬。浇或喷用的水，应用前先将其放入广口容器中，待水温与室温相近时再浇或喷，使植株在正常室温内进行生理活动。翌春自然气温稳定于18℃以上时，移至阳台或留于室内栽培。每2～3年脱盆换土1次，换土可带土球、带护根土，或裸根更换，换土时间最好在春季至夏季。

42. 怎样在简易温室中栽培好龙血树？

答：龙血树品类繁多，但栽培养护方法基本相同。

(1) 栽培容器选择：

依据株型大小选择14～40厘米口径花盆。苗期或矮生种，常用14～18厘米口径盆，成苗常用20～40厘米口径盆。可选用通透性较好的瓦盆、白砂盆、紫砂盆，也可选用高密度材质的陶盆、缸盆、硬塑料盆、瓷盆等。花盆应保持清洁完整，形态不宜怪异，也不宜画面过于繁杂、色彩过于鲜艳。

(2) 栽培土壤选择：

选用普通园土、细沙土、腐叶土或腐殖土各1/3；园土为沙壤土时，为沙壤园土60%、腐叶土或腐殖土为40%；普通园土50%、腐叶土或腐殖土50%；另加腐熟厩肥10%～15%，应用腐熟禽类粪肥、腐熟饼肥、颗粒或粉末粪肥时加入量为8%左右。经充分晾晒、灭虫灭菌、翻拌均匀后上盆。如果有条件在上盆时加2～5片蹄角片，则可减少追肥次数及数量。

(3) 整理栽培场地：

龙血树通常在温室内或夏季在阴棚下栽培。摆放前将场地平整夯实，并规划出摆放位置、养护通道、搬运通道。用栽培床栽培时，修建好栽培床，对各种设施及栽培床进行一次维修。铺设60%～70%遮光网。室内喷洒一次杀虫灭菌剂。

(4) 上盆栽植：

将备好的花盆用塑料纱网或碎瓷片垫好底孔，成株用的大盆，可选用瓦片垫好后，填2～6厘米厚粗料，再填一层栽培土，如有条件再加2～5片蹄角片（大盆多几片，小盆少几片），并用栽培土覆盖进行栽培。应用高密度材质花盆时，垫好底孔后，填3～5厘米厚陶粒、炉灰渣、木屑、碎树枝、碎树皮等，然后填栽培土或加蹄角片栽植。

(5) 摆放：

按横平、竖直，北高南低整齐摆放。

(6) 浇水：

摆放好后即行浇水并喷水于叶片。以后每天上午或下午浇水喷水，并将场地四周喷湿，增加室内空气湿度。多风天气、炎热干旱天气，增加喷水次数。水中含杂质多的地方,应过滤后喷洒,以免水垢滞留于叶片,造成污斑,一旦产生水垢沉积,很难清除。保持盆土湿润,恢复生长后保持稍偏湿,不积水。

(7) 追肥:

月余追肥1次,最好应用有机肥,可浇施也可埋施。发现植株光泽度暗淡时,检查盆土pH值,如果高于7时,在追肥同时追施适量硫酸亚铁或明矾,改善土壤pH值,如能浇施矾肥水则更好,肥后增加浇水量。

(8) 生长期间温室中其它养护管理:

土表板结时松土,随时薅除杂草。随生长冠径变大,应移动拉开株行距。室温高于25℃时,开窗通风。随时防治病虫害。

(9) 越冬养护:

入秋安装好保温设施,可选用蒲席、厚草帘或保温被,将遮阳网由室外移至室内。室温应保持12℃以上,白天高于25℃开窗通风。低温环境保持盆土偏干。长时间12℃以下低温,常会发生缺素症,恢复生长后及时补充。每栽培2～3年或冠径增高增大,脱盆换土一次。

43. 在楼房阳台及平房小院中如何栽培龙血树?

答:龙血树又称千年木、竹蕉等。喜高温、阴湿环境,也稍耐干旱干燥。在庭院浓荫的树下、瓜棚藤架下、通风良好的建筑物北侧,或自建的简易小温室内,楼房的四个朝向敞开或封闭阳台均能栽培。南向、西向阳台摆放在阳台窗台上,或适当遮光摆放在阳台面上;东向阳台可摆放在阳台面或窗台上;北向阳台需要通风良好,如早晚有直射光照则更好。封闭阳台最好在南向阳台栽培。

在敞开阳台栽培,应于春季自然气温不低于15℃时,由室内移至阳台,垫好接水盘,或沙盘、沙箱,将盆栽植株放在其上,浇水或喷水冲净积尘。平房栽培时移至树荫下、瓜棚藤架下、建筑物北侧等半阴环境处,盆下垫1～2层砖石。待其适应环境、恢复生长后脱盆换土。土壤选用普通园土、细沙土、腐叶土或腐殖土各1/3;园土为沙壤土时,沙壤为60%、腐叶土或腐殖土40%;无沙壤土时,普通园土为40%、腐叶土或腐殖土60%左右;另加市场供应的颗粒或粉末粪肥8%左右,经充分晾晒、翻拌均匀后上盆。应用通透性好的瓦盆时，垫好底孔后垫一层约2～6厘米厚粗料后，再垫栽培土即行栽植。应用高密度材质花盆时，垫好底孔后垫一层陶粒或炉灰渣、碎树皮、碎树枝、碎木屑等，再垫一层栽培土后进行栽植。栽植时宜边填土、边扶正、边压实，至留水口处。栽植后仍置原处，浇透水，并向叶片喷水冲洗。以后每日早晨或傍晚浇水、喷水，保持盆土湿润不过干。摆放的位置应距墙面30厘米以外，以免受墙面的辐射热伤害。生长期间每25天左右追肥1次，肥料可施用花卉市场供应的小包装固体或液体肥，依据实际情况浇施或埋施。5～7天转盆1次。发现杂草及时薅除。土表板结时松土。发现叶色暗淡变浅，及时追施硫酸亚铁，改善土壤酸碱度。

自然气温低于15℃时，移至室内光照较好处，离开暖气片50厘米以外。供暖前、停止供暖后两个低温时间段保持盆土稍干。不低于8℃，不会有大的伤害。浇水、喷水所用的水，应先将自来水放至广口容器中，待水温与室温相近时再用。翌春室外自然气温回升至15℃以上时，移回阳台或室外栽培。每隔2～3年脱盆换土1次。

44. 栽培多年的彩色龙血树、'太阳神'等下部严重脱叶，失去观赏价值，能否修剪？

答：朱蕉类、龙血树类多为单干，少有多干，无分枝，栽培中老叶随年龄生长必然会老化、黄枯而脱落，新叶又不断由先端发生，经多年栽培后，形成上部新叶密集，而下部光杆。可经过修剪改观外貌。需要修剪时，最好在春至夏季自然气温较高时进行。修剪前先准备好扦插繁殖的容器及扦插用基质，家庭条件可选用经过充分晾晒或高温消毒灭菌灭活的细沙土或建筑沙。修剪时，用枝剪在土表以上10～20厘米处将上部剪除，伤口涂抹新烧制的草木灰，或木炭粉、硫磺粉，保持盆土润而不湿，置室内光照充分明亮处，月余新芽即可发生，转入常规栽培。家庭环境，修剪后用塑料薄膜袋连同花盆一同罩严，保持盆土湿润，也会良好发生1～4个新芽，新叶展开后，逐步将塑料薄膜罩摘除，恢复常规栽培。

修剪下来的部分，无论带叶还是不带叶，按10～20厘米长一段修剪成若干段，修剪时，下部剪口距上部节间应在1～1.5厘米之间，切口宜平滑完整，无毛刺、无劈裂，扦插于备好的容器中，按常规养护，即可成活。

45. 容器栽培的富贵竹，去年秋季入室时长势良好，今年春天在室内长的新叶发白，先端黄枯，停止生长，是什么原因？

答：富贵竹类、朱蕉类、龙血树类均喜微酸性土壤，栽培土壤pH值长时间大于7.5，会阻碍根系吸收一些营养元素，特别是对活性铁的吸收利用显著不足，造成缺铁症，导致新生叶片停止生长、变薄、变黄色、先端黄干等。可脱盆更换新土，或浇施硫酸亚铁200倍液，或50倍明矾水溶液，有条件浇施矾肥水则更好。如果冬季室温保持18℃以上，使其缓慢或正常生长，受伤害率会降低；12℃以下长时间停止生长，发生率会增高。

46. 用普通清水栽培的富贵竹，每3～4天换水1次，3个多月后根系变茶褐色并开始腐烂，是什么原因？

答：因水中的营养元素含量是有限的，不能长期满足植株体的吸收消耗，特别是含钙、磷不足更易发生烂根。另外水越深，含空气量越少，发生率也越高。故应按时按量追施营养元素，或选购营养液栽培。

47. 阳台栽培的龙血树，雨天移至露天接受淋雨有没有益处？

答：下雨时，将盆栽的龙血树移至室外直接接受雨淋，对植株生长非常有益。这种水湿的环境是符合龙血树、朱蕉类习性的。但应注意，雨过天晴，会有很强烈的日照，使叶片产生日灼，故晴天后马上移回阳台半阴场地。

48. 怎样在花卉市场挑选盆栽巴西木等常绿盆栽花卉？

答：挑选树形周正、丰满，叶片盈绿鲜活健壮、无缺损苗。花盆底孔处有根系外出的痕迹，或盆内沿、土面有苔藓着生，说明是原盆栽培苗，可放心购买。如果盆内土壤疏松、植株松动、明显为新土时，为新上盆苗，这种植株在摆放陈设或家庭养护中缓苗慢，甚至短期即会枯败。

49. 春季花友寄来的棒叶虎尾兰，根系已经萎蔫，怎样养护才能良好成活？

答：虎尾兰类耐干旱。一般情况邮寄前1～2天停止浇水，然后脱盆去宿土，待根系无明显潮湿后，用废纸包裹捆绑后装箱即可邮寄。收到后立即开箱通风。邮件寄到前，预备好花盆及栽培土，收到苗及时上盆，摆放好后向叶片喷水，见湿即可。1～2天后再浇透水，以后土表不见干不浇水，见干后再浇，即能良好使苗成活。

50. 在住宅小区外的道路边，捡到一株被人丢弃、叶片已经皱缩的龙舌兰，根系已经干枯，还能养活吗？

答：龙舌兰属多肉花卉体内存有大量水分，外表皮较厚，水分又不易散发，而形成耐干旱的习性，故通过适当栽培养护，仍可成活。捡回后用清水将尘垢洗净，将已经干枯的叶片剪除，用经充分晾晒或高温消毒灭菌的沙土及通透性良好的瓦盆栽植，置通风较好的半阴场地，多喷水，少浇水，使盆土湿润至偏干，待叶片重新恢复饱满后，按常规养护。

51. 冬季由江南订购的一批凤尾兰（当地称剑麻）用于绿地春季施工栽植，怎样运输？

答：目前我国铁路、公路交通极其发达，运输能力逐步加强，通常2～3天即能运达，是非常方便的。在江南苗圃，春季土壤化冻后，按凤尾兰株型大小带土球掘苗，江南地带多为黏性土，带土球较容易且不易散球，用草片、草袋或稻草包装土球，也可用塑料薄膜、无纺布等包装，并将叶片向内用绳索捆拢。装车时由前至后横向码放，第一排土球朝向车厢前壁一侧，第二排土球压在第一排苗的叶片上，依次向后、向上码放，直至顶层，用苫布封严绑牢。卸车时由后侧或一侧取下，及时栽植。

52. 北方苗圃栽培的龙舌兰科苗木，春季出圃时怎样掘苗？

答：春季化冻后浇一次透水，用草绳、塑料绳等将准备出圃的苗叶片向内捆拢，用铁锹由根部一侧掘开土壤，再将其它三面铲开，取出植株，然后用草帘、草袋包装好根部即可运输。栽植地应预先整理好，将栽植穴掘好，苗运到工地后及时栽植。

53. 大盆栽培的龙舌兰科植物怎样脱盆换土？

答：多年未脱盆换土的大植株，提前1～2天浇透水。脱盆时将叶片向内捆拢后将盆横向放倒，转动盆用手拍打，使根与盆壁脱离，然后坐下，两手拉主干，两脚踹盆口处，手脚同时用力即可将植株脱出。如仍不能脱出，可沿盆壁将土掘出，再按上述方法即可脱出。脱出后除去部分宿土，即行栽植。

54. 凤尾兰、丝兰等绿化工程用苗夏季才能定植，春季应怎样囤苗？

答：苗木运到前先准备好畦地，场地平整后等苗。运到后，用草片、草袋、蒲包等包装的苗，不必解除包装，用废塑料薄膜、塑料袋、无纺布包装的，应将其解开。如果距离定植时间短，捆叶的绳索可不解开，距离定植时间较长时应解开，以不影响生长。然后按囤苗量多少秒土叠土埂，埂高应高于苗木土球5～10厘米，土球为黏性土时，叠埂高些，土球为普通园土或带有沙性土应矮些。将苗放置于埂内，整齐摆放，并随摆放随填土，随压实，放置好后，将埂封严、踏实，浇透水。对黏性土球要放水至超过土球高度，以使土球内土壤浸透，这是关键的一步，如果浸不透，会影响成活，并喷水于叶片。此时自然气温可能较低，3～5天后第二次浇水，然后保持湿润，20天后土表不见干不浇水。夏季施工用苗前浇透水，再掘苗。也可用适当口径的营养钵，用普通园土栽植养护，应用时脱钵定植。

五、病虫害防治篇

1. 发现生有褐斑病如何防治?

答：初发病时为黄白色小斑点，随发展变为褐色，具同心轮纹，随之扩大连片，病斑处组织下陷。菌丝或分生孢子在病斑处越冬，借风雨传播，夏季发病严重。

防治方法：

(1) 栽培养护中尽可能减少人为刮蹭。保持花盆内清洁干净。喷水时勿使水压过大，浇水时勿使盆土溅于叶片。追液肥时，直接施于土表，勿溅于叶片，发现溅干或滞留于叶片，及时喷水清洗。保持通风、光照良好。

(2) 发病初期喷洒70%代森锰锌可湿性粉剂500倍液，或80%代森锌可湿性粉剂500倍液，每隔10天左右喷1次，连续2～3次有抑制病情效果，但旧病斑无法消除。

2. 发现白绢病怎样防治?

答：初发病时，茎干基部接近土表处变褐色腐烂，随后生出辐射状白色绢丝状菌丝体，在土表上下蔓延，随发展纠结成团，形成菌核，植株病部及附近土壤中均能见到，在高度潮湿的温室中，叶腋下偶有发生，菌核初为白色，后变黄色、黄褐色，最后变为褐色或茶褐色。菌核在土壤或肥料中越冬，靠流水及追肥传播。夏季高温、高湿危害严重。

防治方法：

(1) 栽培土壤应严格消毒灭菌，有病史地区或花圃的栽培土，在上盆前用0.2%的70%五氯硝基苯消毒灭菌后再行栽植。

(2) 发现病株及时拔除，集中烧毁，切忌随手乱扔，防止扩大病源。盆内病土也需要消毒处理后，远距离弃之。花盆也应用60%代森锌400～500倍液冲洗。

(3) 发病较轻时，可喷洒75%百菌清可湿性粉剂500倍液，每7～10天1次，连续3～4次也有一定抑制病情效果。

3. 怎样防治立枯病？

答：立枯病是猝倒病的一种表现，在猝倒病中称立枯型，枝干被侵染后不倒伏；另一种为新芽腐烂，称为芽腐型，也是猝倒病的一种表现；还有一种为幼苗期呈水渍状腐烂。属真菌类病害，病菌在土壤中生活。

防治方法：

(1) 栽培或播种土壤应充分晾晒或高温消毒灭菌后应用，可减少病害发生。

(2) 发现病株及时拔除，集中烧毁。

(3) 发病初期喷洒75%百菌清可湿性粉剂600倍液，或50%克菌丹可湿性粉剂500倍液，或70%敌克松可湿性粉剂1000倍液，每7～10天1次，连续3～4次有抑制病情作用。

4. 怎样防治枯萎病？

答：发病初期叶色褪绿，萎蔫下垂，有时在1个枝条的上、中部部位，有时在基部。被害后根系减少或腐烂，茎内维管束呈浅褐色。夏季发病较重。病菌在病株、病残体或土壤中越冬，借风雨、昆虫接触传染，细菌多数由伤口侵入。

防治方法：

(1) 严格检疫，不使病株入圃。

(2) 发现病株及时短截，或拔出集中烧毁。

(3) 栽培土壤通过充分晾晒或高温消毒灭菌后应用。

(4) 喷洒75％百菌清可湿性粉剂500倍液，有抑制作用。

5. 有介壳虫危害怎样防治？

答：危害龙舌兰科花卉的介壳虫多为圆蚧类，虫体圆形，边缘较薄，中间隆起，黄色或褐色。1～11月均有发生。植株被害后生长势减弱，叶片出现白或黄色斑点，严重时植株停止生长甚至死亡。

防治方法：

(1) 虫口数量不多时，可人工用毛刷或竹签剔除。

(2) 喷洒40％氧化乐果乳油1000倍液，每7～10天1次，连续2～3次。向盆内施入3％铁灭克颗粒剂，每次3～5克，10～15天1次，连续2～3次。或喷洒50％辛硫磷乳剂1500～2000倍液，每10～15天1次，连续2～3次杀除。

6. 有钻心虫危害巴西木怎样杀除？

答：危害巴西木的蛀干害虫为一种蠹蛾的幼虫，危害是在皮层与木质层间啃咬形成潜道，蛀孔处有排泄物，造成植株停止生长，叶片失去光泽，变黄干枯，严重时全株死亡。

防治方法：

(1) 用刀具由蛀孔处剥开外皮层，找到虫体杀除。

(2) 将蛀孔口清理干净后，用医用注射器向孔内注射40％氧化乐果乳油1500倍液，或50％久效磷乳油3000～4000倍液，或80％敌敌畏乳油1500倍液杀除，也可用上述药剂喷洒。上述农药均为剧毒农药，应用时均需穿防护服，戴防护帽、橡皮手套等，操作完成后洗手洗澡，并在现场挂"喷药"警示牌。家庭养花最好不用农药防治。

7. 怎样防治红蜘蛛？

答：红蜘蛛多群集于叶片、嫩芽、嫩茎处刺吸汁液，造成叶色失绿，植株停止生长，严重时全株死亡。干旱、通风不良，发生率高。家庭栽培高于温室栽培。

防治方法：

(1) 盆数不多时，可采用喷水冲洗，用棉织品擦拭，每天1～2次，直到不见虫体为止。

(2) 喷洒40%氧化乐果乳剂1000～1500倍液，或20%三氯杀螨醇乳油1000～1500倍液，或15%哒螨酮乳油3000倍液，或50%尼索朗乳剂2500倍液杀除。

8. 有蚜虫危害如何防治？

答：蚜虫种类很多，多集中于嫩芽、嫩叶处刺吸汁液，造成新芽、新叶停止生长，变形，有碍观瞻。

防治方法：

(1) 数量不多时，直接用手捏死后喷水清洗，发现有遗漏的继续捏杀，直至全部杀净为止。

(2) 喷洒40%氧化乐果乳油1500倍液，或20%杀灭菊酯乳油3000～4000倍液，或50%抗蚜威可湿性粉剂2000～3000倍液杀除。

9. 看见没壳的蜗牛在花盆及叶片上爬来爬去，既不卫生又吓人，怎样杀灭？

答：没壳的蜗牛应该是蛞蝓，是一种陆生软体动物，又有鼻涕虫之称。北方地区常见在温室内活动，白天在潮湿阴暗的墙角、栽培床下、花盆底孔或盆沿下潜伏，夜晚出来靠舔磨取食，伤害嫩芽，并常在叶片、茎干上留下一条银白色印迹。

防治方法：

(1) 人工捕杀：清扫温室边角、栽培床下，搬动花盆寻找虫体杀除，集中置于太阳下，很短时间即能爆裂死亡。

(2) 泼浇1：15的茶籽饼水，或撒经浸泡的茶籽饼碎屑杀除。

(3) 撒施8%灭蜗灵，或喷洒20%硫丹乳剂800倍液，均有杀灭作用。

10. 有蜗牛危害怎样杀除？

答：蜗牛与蛞蝓均属陆生软体动物，多在温室活动，雨季在阴棚下或各种阴暗角落活动。

防治方法：同蛞蝓。

11. 有钻心虫危害如何防治？

答：钻心虫为天牛的幼虫。成虫产卵时，咬破植物茎干皮层，在伤口下方产卵1粒，卵孵化后沿干向下蛀食，被害植株由伤口以上停止生长，叶片逐步萎蔫黄枯。伤口处有排泄物堆积。天牛羽化后在盆内土壤中越冬。

防治方法：

(1) 寻找蛀孔口，用刀具向下切开，找到虫体后杀除。

(2) 用医用注射器向蛀孔内注射40%氧化乐果乳油1500倍液，或50%杀螟松乳油1000倍液，或喷洒上述药剂均能杀除。

12. 怎样防治潮虫子？

答：潮虫子为鼠妇的俗称，又有潮虫、西瓜虫、蒲鞋底虫、瓜子虫等名称。白天多潜伏于潮湿阴暗的地方，夜间出来活动。

防治方法：

(1) 勤清扫，保持温室内清洁卫生。撒施石灰粉有抑制发生的效果。

(2) 喷洒40%氧化乐果乳油1000倍液，或20%杀灭菊酯乳油4000倍液，或撒施3%呋喃丹粉剂，亩用量1.5～2千克，或50%西维因可湿性粉剂，亩用量2～2.5千克，均有杀除作用。

六、应用篇

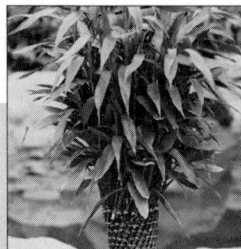

1. 龙舌兰科花卉在绿地中如何应用？

答：在直晒处常用龙舌兰类、凤尾兰类、千手兰类。半阴环境所有龙舌兰科常绿花木均可应用。

在绿地中可3～5株点缀，团栽、列植。可用于草地边角，与花灌木组合，也可点缀于岩石园、土山坡、阶前、廊边、篱下等处。

盆栽凤尾兰、龙舌兰可于夏秋季布置室外硬地面的广场、道边、阶前等处，既耐干旱，又耐干燥，养护管理也粗放简单。

2. 在大厅怎样应用龙舌兰科植物装点？

答：大厅是人流较多的地方，也是花卉集中陈设的地方，摆放需要规整，不过于凌乱，不妨碍人的活动，不妨碍采光。一般情况，种类不宜过多，过多则显得杂乱，色彩也不宜过繁，以绿为主。通常按后高前低摆放，横排高矮一致，或中央高、两侧逐步渐低。另外在门的两侧、楼梯间、避风阁、宣传牌下等公用空间，均可陈设。

3. 会议室怎样布置龙舌兰科植物？

答：圆形会议桌，可将盆株摆放在圆桌中心的空位内。有舞台的，应成排摆设于主席台后、台前沿，上下均可摆放矮小品种点缀。小会议室，可用矮小植株布置四角及窗台。

4. 怎样在家里陈设龙舌兰科植物？

答：在家里装饰陈设，小型的种类可用来布置书房、卧室，摆放在案头、窗台等处，不宜过多，一般1～2盆足够。高大的类型多布置客厅、阳台，放在角落或沙发旁，只要不妨碍生活即可。

‘银心’龙舌兰   斑叶凤尾兰

菱叶龙舌兰

养花专家解惑答疑

1

养花专家解惑答疑

巨丝兰

龙舌兰的花及花蕾

‘泷之白丝’丝兰

龙舌兰花枝

大叶金边龙舌兰

狭叶丝兰

养花专家解惑答疑

③

细刺龙舌兰　　　薄叶龙舌兰

白边凤尾兰